编委会主任：朱镕

编委会委员（以姓氏笔画为序）：

王大鹏　王彦　王灏　冯正功　刘宇扬　刘晓都　张之扬　张弘　张华　何哲　张晓奕　张晓亮
张斌　罗劲　周蔚　钟乔　俞挺　祝晓峰　荣朝晖　唐威　钱强　崔勇　曹晓昕　董屹　赖军

境外编委：

Davide Macullo（瑞士）　　Jeong Hoon LEE （韩）　　Jos van Eldonk（荷）　　Maurits Algra（荷）
Michael Haste （英）　　　Scott Kilbourn（美）　　Tiago do Vale （葡）　　Victor de Leeuw（荷）

合作单位：

CCDI 悉地国际　　　OMA 建筑事务所　　　法国 Arte – 夏邦杰事务所
广州瀚华建筑设计有限公司　　如恩设计研究室　　张雷联合建筑事务所

图书在版编目（ＣＩＰ）数据

中国建筑设计年鉴. 2014 : 全 2 册 / 《中国建筑设
计年鉴》编委会编 ; 李婵，常文心译. -- 沈阳:辽宁科学
技术出版社，2014.8
　　ISBN 978-7-5381-8744-1

　　Ⅰ. ①中… Ⅱ. ①中… ②李… ③常… Ⅲ. ①建筑设
计—中国—2014—年鉴 Ⅳ. ①TU206-54

　　中国版本图书馆 CIP 数据核字(2014)第 164913 号

出版发行：辽宁科学技术出版社
　　　　　（地址：沈阳市和平区十一纬路29号 邮编：110003）
印　刷　者：利丰雅高印刷（深圳）有限公司
经　销　者：各地新华书店
幅面尺寸：240mm×305mm
印　　张：67
插　　页：8
字　　数：100千字
印　　数：1～1800
出版时间：2014年 8 月第 1 版
印刷时间：2014年 8 月第 1 次印刷
责任编辑：刘翰林 孙　阳 张　珩 韩欣桐
封面设计：杨春玲
版式设计：杨春玲
责任校对：周　文
书　　号：ISBN 978-7-5381-8744-1
定　　价：558.00元

联系电话：024-23284360
邮购热线：024-23284502
E-mail: lnkjc@126.com
http://www.lnkj.com.cn
本书网址: www.lnkj.cn/uri.sh/8744

2014

中国建筑设计年鉴

（下册）

CHINESE ARCHITECTURE
YEARBOOK 2014

《中国建筑设计年鉴》编委会 编 ■

李婵、常文心 译

辽宁科学技术出版社

目录

作品巡礼

PROJECTS OF THE YEAR

乌镇剧院

宛如在梦境似的古镇，剧院像一盏并蒂莲，盛开水面。

乌镇是江南四大名镇之一，为京杭大运河的一部分，拥有一千三百年的悠久历史，典型的"鱼米之乡，丝绸之府"，同时也是省级历史文化名城，及5A级景区。在景区的旅游开发同时，文化产业也相应地随之发展，各种表演在吸引游客的同时也期待发扬中国传统的艺术文化。

剧院位于乌镇景区东侧且接近游客服务中心，建筑的配置呈东西向，因此由游客在服务中心即可远眺剧院。观众入口配置于建筑南侧，前方是入口广场，可利用便桥步行靠近，或沿着河岸边行走，使得与古镇较好的交接和融合；另外建筑西侧有码头，也可搭乘木舟栈桥到达剧院西侧，提供游客进入剧场不同的选择。

由于乌镇都是低矮的房子，材料都是旧的，但现代的大剧院必须具有一定的舞台的高度和所要容纳的人数，它的大体量是没办法改变的，所以我们的方法是有点像欧洲中世纪小镇里面的教堂一样，虽然它尺度很大，可是它的材料、颜色、质感、手工的精细度都跟那些小房子是匹配的。

在这片古典精巧的水乡中新建一座满足当代剧场机能的剧院，而不显突兀是最大挑战。设计规划之初，建筑的配置为了融入江南的地景元素，整个基地除了东侧陆地和道路相连，西半侧及南侧则滨水设置，连贯乌镇景区的元宝湖与河道。江南这边有种特别吉祥的东西叫做并蒂莲，就是一个梗上长两个莲花，设计应用代表吉兆的"并蒂莲"的隐喻，将这个寓意祥瑞蓬勃的形象，我们把这个建筑做成像两朵花，一半是一片一片的花瓣，一半是花窗折窗所做出来的类似花的造型，转化为一实一虚

的两个椭圆体量，分别配置以两座剧场，这个意向把并蒂莲的意思传达出来。重迭并蒂的部份则为舞台区，舞台可依需求合并或单独利用，以创造多样的表演形式。剧院的设计以满足戏剧节表演活动为主，冀望完工后得以为世界级的演出场所，借由戏剧节带入艺术团体及国内外观众，将乌镇提升为国际重要戏剧节的活动据点。

建筑体量如同两个圆形交迭，联集部分为舞台及飞塔区，高度约30米，为全案最高位置；两个圆环由中点分别向东西两侧倾斜，端点皆10米左右。观众入口配置于南侧，设置人行入口广场，可利用便桥步行靠近，或沿着河岸边行走，使得与古镇较好的交接和融合；另外设置码头，提供游客不同进入剧场的动线选择。基地北侧则为后勤出入口，在基地东侧道路上亦开设地下车库出入口。借由原有的管制口可便利地起到管理作用。

由于兼具戏剧节表演与观光的双重机能，剧院将满足不同形式的使用需求，提供包括传统戏曲、前卫表演艺术、时尚舞台秀、婚宴喜庆等活动的空间。剧院包含两个剧场：1200席的主剧院及600座的多功能剧场。背对背，满足现代剧场机能却又不显突兀的融入于这片古典精巧的水乡。

水乡民居普遍的建筑构造为砖木结构，也是我们想要表达的语汇。在一实一虚的建筑造型中，如同花瓣实墙上砌了富有古朴质感的青砖，折窗外结合了传统建筑中冰裂纹花格。并且乌镇放眼望去全部都是旧材料，乌镇本身收藏了很多旧的木头–老船木，这些冰裂纹花格都是利用老船木手工加工出来的；青砖的砌筑，我们也努力的在传统的工法中创造新的元素，在弧形的墙体上以韵律方式加上竖向的砖，突破了平整的墙面而产生强烈的光影三维效果。使得材料、颜色、质感都与乌镇传统是一致的，不论是形体与材料细节，都是希望与当地的文化历史与传统工法相呼应。

在前往剧院的过程中，访客可见到东侧的一片片的曲面斜墙宛如层层花瓣，以及西侧光亮透澈的折屏式的玻璃帷幕，玻璃外侧镶嵌传统窗棂样式，在夜晚泛出的幽幽光晕反射在水面上，为如梦似幻的水乡增添另一番风情。

剧院的入口是这个案子最重要的第一印象，设计团队费时大约半年不断的以不同的方案来尝试，最终完成了。主要的概念还是呼应整个大剧院所使用的材料，钢、玻璃、老木头；首先我们利用了五个大钢柱仅单侧悬挑4~6米的跨度并挑起一片巨大玻璃雨披，在接近建筑物的砖墙体部分再以厚实的木质门框联系，门框内的大门上设计了两个圆环图腾，也隐喻了大剧院的形体——并蒂莲。

剧院的大厅空间，由南侧入口进入后分别为西大厅与东大厅，剧院内部最重要的空间是主要的观众厅及多功能厅，分别包覆于西大厅与东大厅之中。

西大厅是在通透"虚"的玻璃体中，外侧装置了冰裂纹花格窗，而其中的观众厅外侧是以金箔来装饰墙面，透过这些冰裂纹及金箔产生的光影效果是非常特别的，为空间添加了幽静雅致又不失传统的色彩。东大厅则是"实"的空间，由弧形的青砖斜墙所包覆，内部延续老船木的质感，包覆了水平条状的木头，多功能厅外侧则是银箔，空间内部高耸，光线仅能由一片片斜墙间的长条窗洒入，犹如峡谷山间的夕阳让人感动。

观众厅与多功能厅内部分别以蓝、红为主色调，我们称之为蓝厅及红厅。蓝厅其寓意是来自江南一带民间常使用的蓝染布，但实际的蓝染布并不适合作为装修材料，为了达到视觉上与蓝染布相仿的效果，布面也是经过多道加工与细腻的线材来处理；墙面造型也是呼应并蒂莲这一概念，如同一片片的花瓣般，同时也助于剧院需要的声学物理效果。

红厅则是象征了喜气的中国红；同时我们将中国明代发展出一种青花瓷的工艺"青花玲珑瓷"，又称为"米花"，结合到了装饰墙面的细节上；这是一种在瓷器上镂成点点米粒状透光点，呈现玲珑剔透、精巧细腻、朴素大方的艺术特色，我们透过灯光的方式来呈现这一种工艺，使红厅充满了喜气与清新明快之感。身处于剧院之中，可以感受到透过现代的技术与手法，再次的将传统艺术特色给传达出来。大元联合建筑师事务所/文、摄影

项目地址 中国；浙江省；桐乡市，乌镇
开发单位 乌镇旅游开发有限公司
主持建筑师 姚仁喜
建筑事务所 大元联合建筑师事务所
项目负责人 大元联合建筑师事务所(台北)、
会元设计咨询（上海）有限公司
设计团队 （台北）沈国健、王馨慧、刘文礼、
孙建钧、张建翔、林佳宪
（上海）朱文弘、应斐君、郑乃文、
许桦译、巫奇升、姜妮
设计合作 上海建筑设计研究院有限公司
顾问 （剧场）Theatre Projects Consultants Ltd
（外墙）马可卢设计技术有限公司
（声学）声美华有限公司
施工单位 巨匠建设集团有限公司
设计时间 2010年5月～2010年12月
施工时间 2011年1月～2013年4月
完成时间 2013年5月8日
用地面积 54980平方米
建筑面积 6920平方米
总楼地板面积 21,750平方米
建筑层数 地上2层，地下1层
建筑高度 5.2米
结构 钢筋混凝土、钢骨结构
主要建材 青砖、玻璃幕墙、实木格栅
摄影师 大元联合建筑师事务所

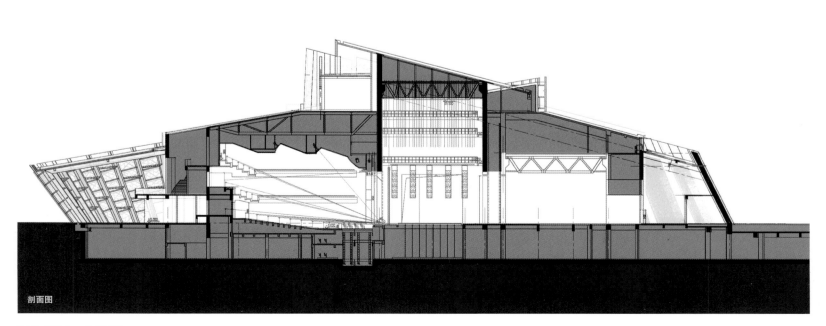

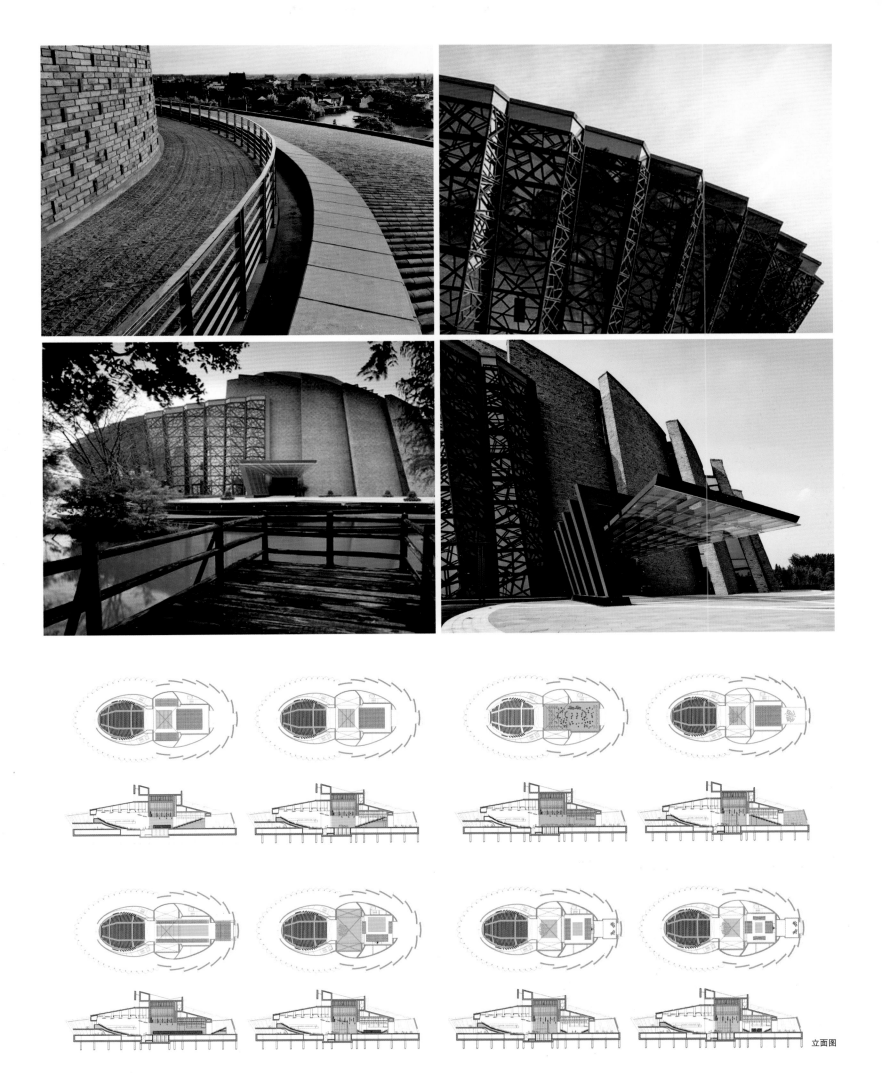

立面图

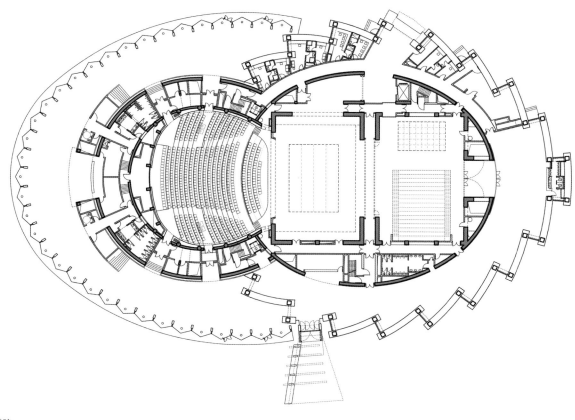

深圳宝安国际机场T3航站楼

深圳宝安国际机场T3航站楼的规划理念是呈现出一只蝠鲼的形象。这条大鱼仿佛在呼吸，在改变自己的形状；又像是一只大鸟，仿佛随时准备起飞。

T3航站楼全长约1.5千米，整体结构像一条长长的隧道，仿佛是在风力作用下自然形成的，像一座有机形态造型的巨型雕塑。屋顶的结构高低起伏，模仿自然景观的形态。这个规划的象征性元素是建筑内外的双层"表皮"，呈蜂巢状，包裹着整个基础结构。双层"表皮"能够让阳光照射进去，在室内空间中营造出光影效果。"表皮"采用蜂窝状的金属和玻璃板材构成，板材规格不同，可以部分打开。入口设置在整个结构的尾部，旅客从这里进入T3航站楼。宽敞的楼内空间以白色锥形支撑柱为特色，高大的柱子直抵天花，就像大教堂的内部一样。一楼的小广场直通行李托运区、出站区和进站区以及咖啡厅、餐厅、办公室

和各种商务设施。出站区内有登记台、航班信息站以及若干个服务台。出站区内双层和三层举架的空间让各层空间之间建立起视觉连接，同时确保了自然光线能够穿透整个空间。办理好登机手续之后，国内和国际旅客的人流垂直分散到各层，准备登机。交汇广场是宝安国际机场的关键区域，由三个楼层组成。每一层都有三个彼此独立的功能区：出站区、进站区和服务区。管状的空间结构与建筑的整体造型理念相一致。三层有一个垂直交叉点，形成一个三层通高的挑空空间，让自然光线能够从最高的一层直射到最下面地面标高的等候室。蜂巢的主题在室内设计中也得到了延续。自动贩售机两两相对，分布在交汇广场的各个角落，在更大规模上复现了建筑表皮的蜂窝主题。

由福克萨斯建筑事务所设计的室内空间——包括网络接入点、登记台、安检区、安检门、护照检查

区等处——呈现出清新简洁的形象，用不锈钢装饰材料重复了室内表皮的蜂巢主题。

高大的"通风树"呈现出雕塑造型，分布在T3航站楼和交汇广场各处，设计主旨也与整体设计相符——借鉴大自然的有机形态。行李托运区和信息台的岛状结构的设计也是如此。

2008年，意大利福克萨斯建筑事务所在深圳宝安国际机场T3航站楼的设计竞赛中获胜。最终入围的其他五个设计方案分别来自：英国FOA建筑事务所（Foreign Office Architects）、英国福斯特建筑事务所（Foster and Partners）、德国GMP国际建筑设计有限公司（GMP International）、日本黑川纪章建筑都市设计事务所（Kisho Kurokawa）和美国RUR建筑设计公司（Reiser+Umemoto）。福克萨斯建筑事务所的方案于2013年宣布竣工。

福克萨斯建筑事务所，李奥纳多·费诺蒂摄影公司（Leonardo Finotti）/摄影

项目地址 中国，广东省，深圳市，宝安区
主持建筑师 马西米利亚诺·福克萨斯、
　　　　　 多莉安娜·福克萨斯
设计公司 福克萨斯建筑事务所
（Massimiliano and Doriana）
设计范围 网络接入点、登记台、安检门、
　　　　 护照检查区、行李托运区、信息站、
　　　　 "通风树"、引导标识、商务桌和卫生间
照明设计顾问 斯皮尔斯&梅杰联合公司
施工单位 中国建筑股份有限公司（北京）
开发商 深圳规划局、深圳航空有限责任公司
项目登记建筑师 北京市建筑设计研究院
竣工时间 2013年
业主 深圳航空有限责任公司
用地面积 50万平方米
项目造价 7.34亿欧元
结构、外立面和参数设计 尼佩斯·赫尔比希工程公司

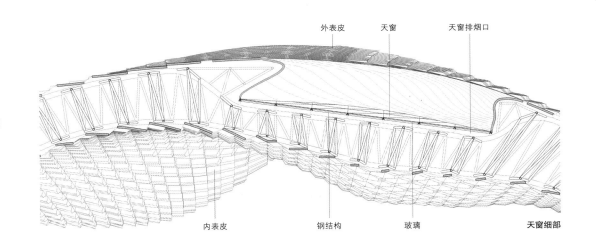

天窗细部

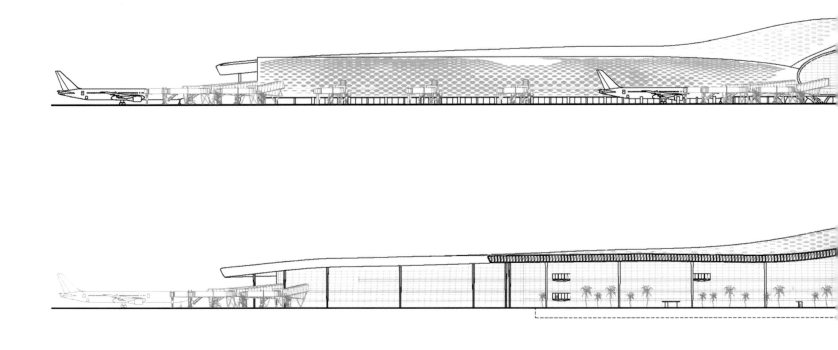

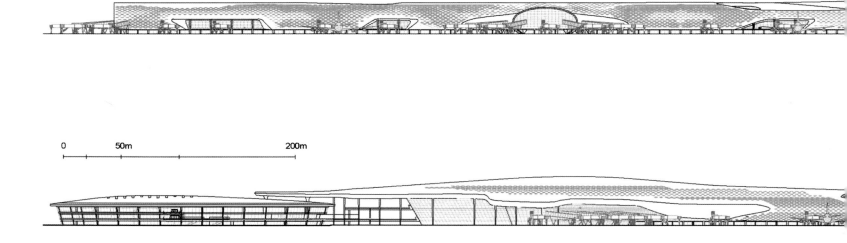

0   50m   200m

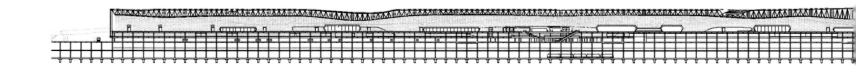

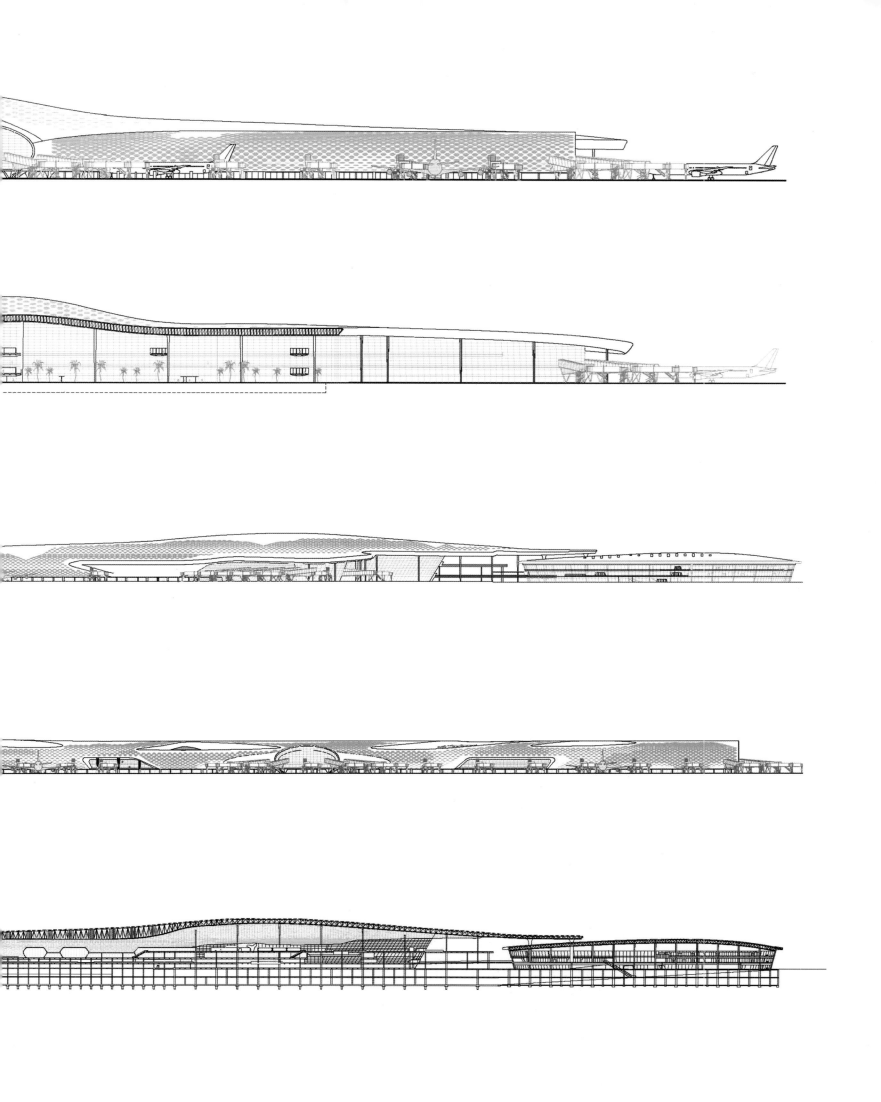

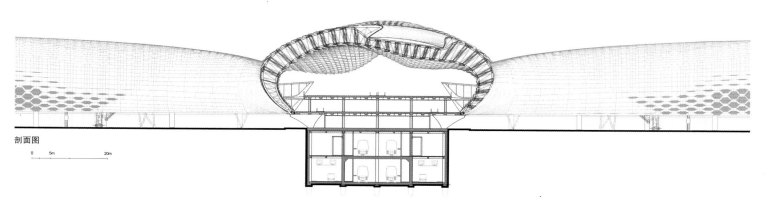

剖面图

0   5m   20m

　深圳宝安国际机场T3航站楼

深圳宝安国际机场T3航站楼

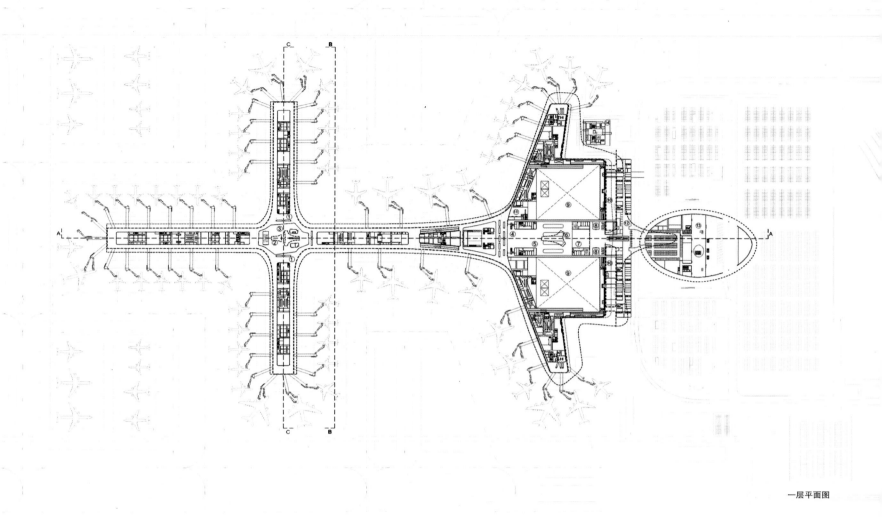

一层平面图

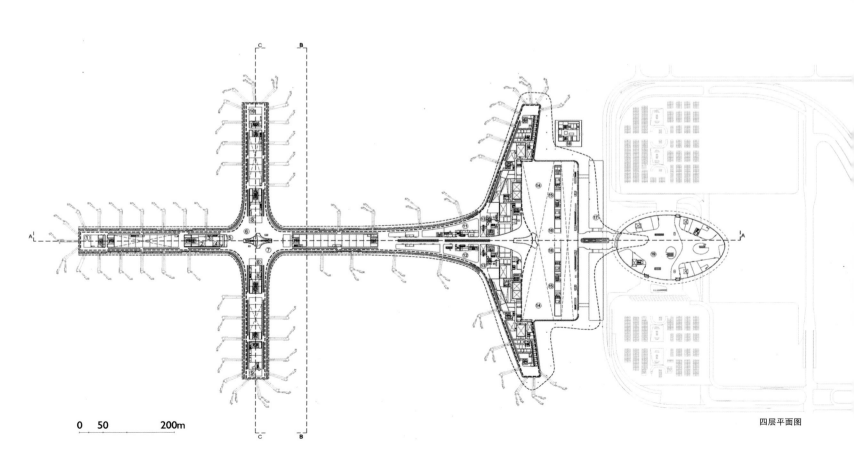

0 50 200m

四层平面图

苏州高新区规划展示馆

项目概况

BDP作为苏州新区规划展览馆的主设计团队。本项目位于苏州科技城的核心区域，为科技城智慧谷的门户，北临科技大厦一期。地块用地面积37428.9平方米（合56.14亩）。项目主要包含新型城市主题馆和多元功能展示馆两个主题。采用大空间，开放和立体的展示模式，布局合理，结合环境，风格独特。科技大厦，位于场地北面。

设计理念

BDP对于整个设计灵感来自于苏州的亭子、水和苏州园林。考虑到对面科技大厦较方正和庄严的体型，圆柱形的模型展示区域正落在科技大厦的中轴线上，强调了中轴的重要性。苏州园林式的亭子，造型独特，与庄重沉稳的科技大厦形成了鲜明的对比。扭转的竖向铝板，白色，形成半透明、

朦胧的美，与周边形成对比。模型展示区外的扭转的铝板不仅解决了采光和遮阳的问题，而且扭转的形状和水的波纹类似，于基地水面相映成趣。

功能展示馆设计成一个顺着地面起来的建筑，配合绿色屋顶。绿色屋顶的概念也来自于周边的青山。同时提供了一个供公众休息、交流的场所。在绿色植物下的功能展示馆，巧妙的融合在周边的自然环境里。像绿色的山体半围合一个非常简洁、有特殊外表的亭子。同时，在功能展示区的室外部分采用黄色的吊顶，明亮跳跃，使整个建筑有悬浮感。

腰带的石材于周边山体的颜色类似。加以简单的水平划分，取之自然，高于自然。模型展示区的扭转的铝板和水的波纹类似，与基地水面相辉映，黄色的吊顶，明亮跳跃，使建筑有悬浮感。

建筑布局

规划展示馆位于基地南部，由北侧人工湖泊岸广场中心确定的基地中轴线穿过展示馆的核心部分圆形的总规模型展示区，学术报告、会议功能区，主题单元功能区和临时展区、综述厅、形象序厅布置在一个由地面逐渐升起的建筑体量中，由西南向北环绕总规模型展示区，一个大斜坡草坪由北侧偏西方向向上直通展厅，使人感觉整个大楼得到升高，使得大楼更加醒目，而醒目正是整个规划方案的中心。建筑周边为作为临时展区、迎宾广场和人行通道的硬质景观铺地，并通过绿色河畔景观与人工湖面融合。

建筑布局寓意为智慧之眼，审视新区的现在，展望光辉的未来，又像一个"逗号"暗示新区未来的发展不可限量。

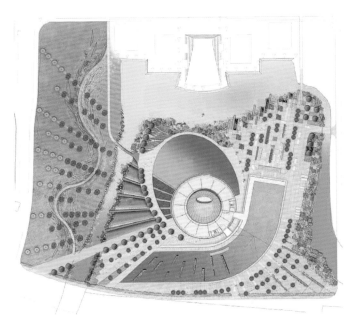

0 10 30 总平面图

项目地址 中国，江苏省，苏州市
设计师 史蒂芬·吉尔汉姆（Stephen Gillham，BDP中国区主席）
竣工时间 2012年
业主 苏州科技城管委员
用地面积 37428.9平方米
建筑面积 13000平方米

交通流线

基地主要车行出入口位于基地东侧的智核一路上，车辆通过此入口进入建筑北侧的迎宾广场，可直达位于建筑悬挑的两层展厅下的主入口的下客区，供贵宾们在门口上下车，区内设有贵宾小车和小巴的停车场。展览中心拥有360度步行通道，行人可以从西北、东北、东南和西南方向进入中心。东南和西南方向是核心区域内的主要步行路线。东南通道处设有设施维护车辆入口。整个空间作为步行区，车辆通道不多。植被的布局标示出了设施维修路线图。

建筑设计

建筑的核心部分是位于基地中轴线上的总规模型展示区部分，一层布置设备办公用房，二层、三层为两层通高的模型展示区，三层的环形通道为观众提供了多角度全方位观察总规模型的机会，展示区通过周边的大片玻璃向周边景观敞开，充分利用自然光线和优美环境。一个由地面升起的建筑体量由西南向北环绕在模型展示区周围，一层部分由北向西南方向布置主入口、序厅和接待厅、架空人行入口广场、会议区和备用设备用房；二层由北向西南为主题单元功能区和部分设备用房；三层为主体单元功能区。主要参观流线为由北侧迎宾广场经主入口进入序厅，通过大厅内的自动扶梯到达二层的主体单元功能区，到三层主体单元功能区也通过自动扶梯连接，模型展示区与主体单元功能区在二层和三层由两座天桥相连；步行参观者也可以从西北、东北、东南和西南方向进入中心，再通过位于模型展示区和主题单元功能区之间的两部观光电梯或者序厅内的客货兼用电梯到达各层展厅；还可以由建筑西侧通过室外大楼梯直接进入二层展示区。主题单元功能区建筑体块的屋顶为有通道的绿色屋面，参观者可通过台阶拾级而上到达屋顶景观平台。

建筑的层高：一层为6.5米；二层、三层为6米；斜屋顶下的空间高度随屋顶变化，通过局部挑空等手段保证空间的合理使用。

建筑形态及立面设计：总规模型展示区位于倾斜的草坡上，为两层高的圆形玻璃体，外面有按不同角度扭转的铝板遮阳百叶，既可以遮挡大部分的直射阳光，起到节能的作用，而且在阳光下和夜晚的灯光中呈现美丽的光影效果；屋顶为铜板覆盖的锥体，有向北方倾斜的玻璃采光顶。

主题单元功能区建筑体块由西南向北方逐渐升高，北部主入口上方为9米的悬挑结构，气势恢宏；外墙为厚重朴实的石材幕墙，入口上部朝向北方的两层通高展厅采用大片玻璃幕墙，在引入自然光的同时，展示优美的内部空间；屋顶为有通道可以到达的绿色屋面，并布置了辐射状的绿篱植物，与整个基地内的绿化景观设计浑然一体。

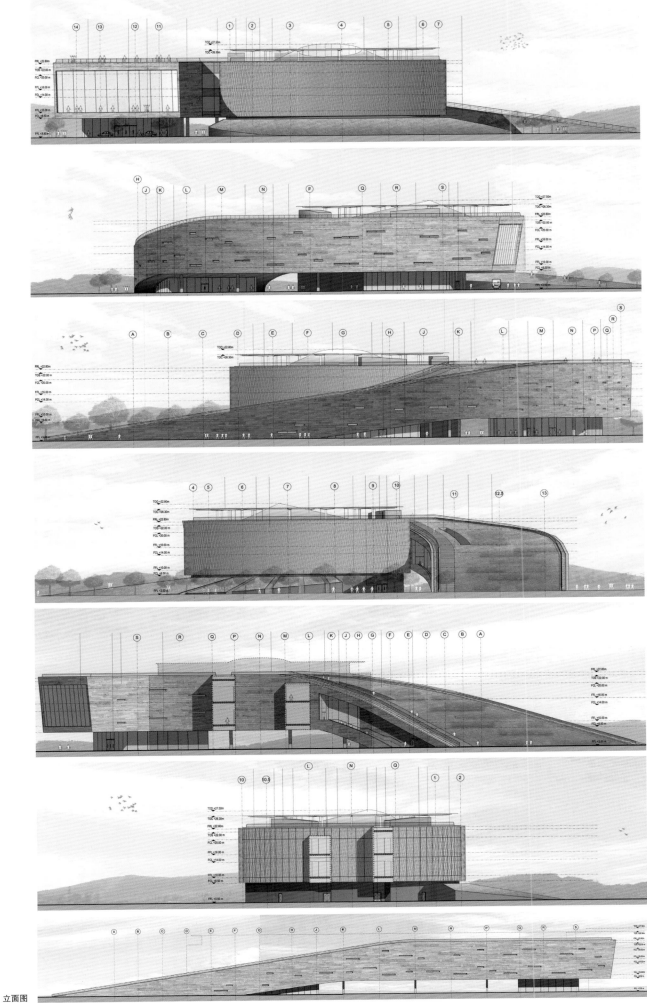

立面图

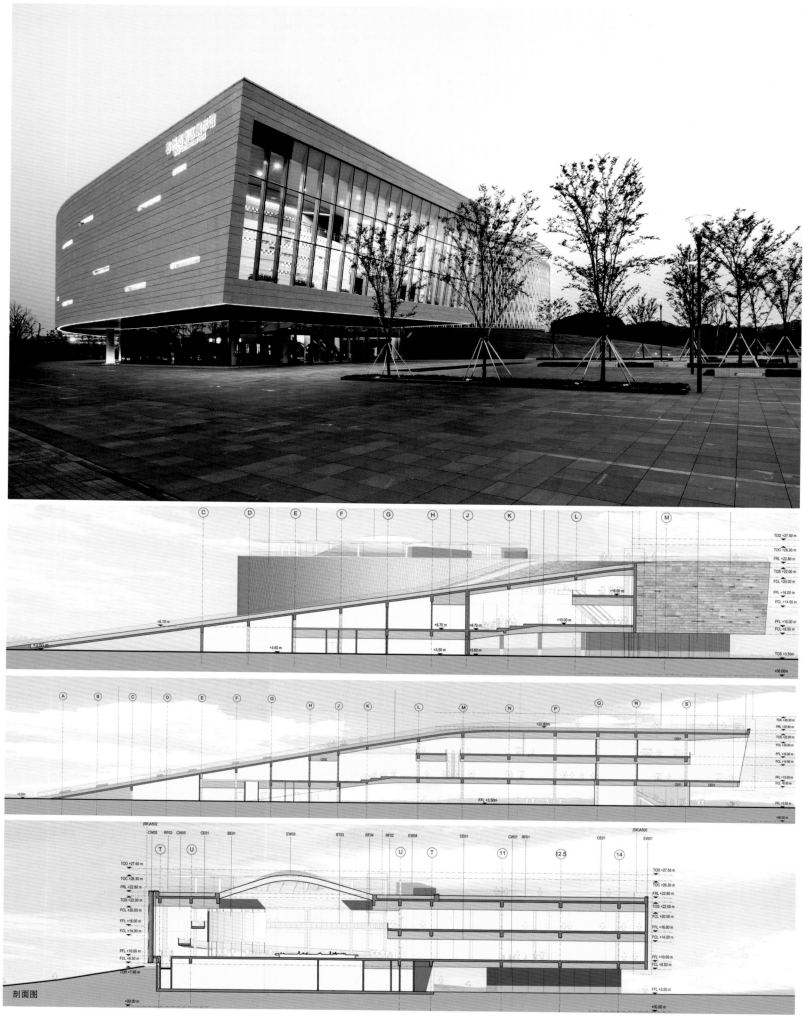

剖面图

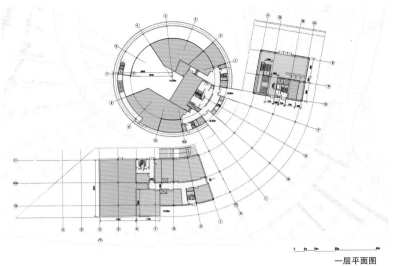
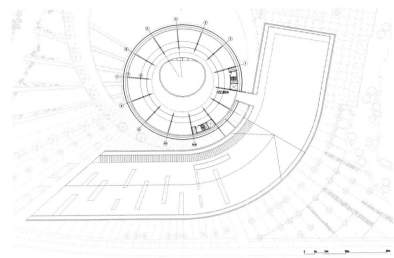

一层平面图

天台平面图

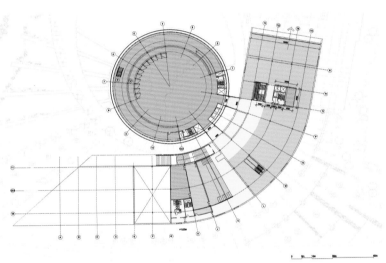
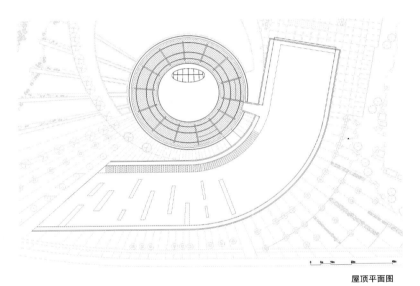

二层平面图

屋顶平面图

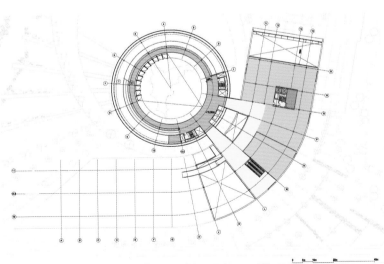

三层平面图

南京六合规划展示馆茉莉花馆

以茉莉花为造型概念，将不同体量以花瓣赋型，在不同功能独立分区的基础上，实现各部分景观朝向的最优化配置。

六合区是南京的北大门，素有"京畿之屏障、冀鲁之通道、军事之要地、江北之巨镇"之称。是"天赐国宝、中华一绝"雨花石的故乡。六合历史悠久，根据考古和地质工作者、专家的发掘、考证，在距今约一万年前就有原始氏族村落，是中国最早建城的城邑之一。古老文明的六合，2000多年前就见诸史端，历史悠久，经济繁荣，民风淳朴。

2010年，南京市政府城建局筹建"六合文化城"，"文化城"位于六合雄州主城，桥西新城内。西邻江北大道，东南为金穗路，紧邻新城中央公园。工程包括文化馆、博物馆、图书馆、城建馆、茉莉花大剧院、文化产业辅助配套设施。文化馆内包括青少年科技活动中心、美术展览；博物馆包括新四军纪念馆、雨花石陈列馆和茉莉花馆。

随着"文化城"的逐步竣工，文化产业成为六合区最具发展潜力的行业之一。尤其是特色产业在近些年发展势头强劲，文化旅游业异军突起，成为六合区又一重点产业建设。

作为经典民歌《茉莉花》的发源地，中国"民歌之乡"，六合区每年都会举办许多茉莉花文化活动，例如"茉莉花音乐文化节"、"茉莉花雨花石文化旅游节"等。这些活动吸引了四面八方的游客，成为六合区一道新的亮丽的风景线。

因此，南京六合规划展示馆茉莉花馆以茉莉花为造型概念，将不同体量以花瓣赋型，在不同功能独立分区的基础上，实现各部分景观朝向的最优化配置。建筑体量外围由一层通透的冲压铝板表皮包裹，丰富造型的同时，于内侧形成宜人的庭院空间。茉莉花馆集规划展示、市民活动、会议培训等功能于一体，是六合区提升城市形象、完善城市展示功能的标志性建筑。

项目地址 中国，江苏省，南京市，六合区
建筑师 戚威、苏欣
建筑事务所 张雷联合建筑事务所
设计合作 南京大学建筑规划设计研究院有限公司
设计时间 2010年
完成时间 2013年
建筑面积 7250平方米

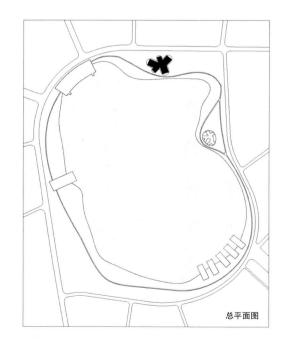

总平面图

北立面图

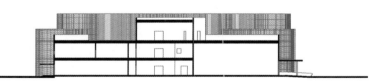

A-A剖面图

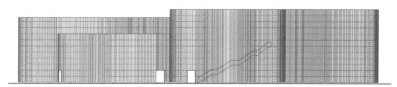

南立面图

B-B剖面图

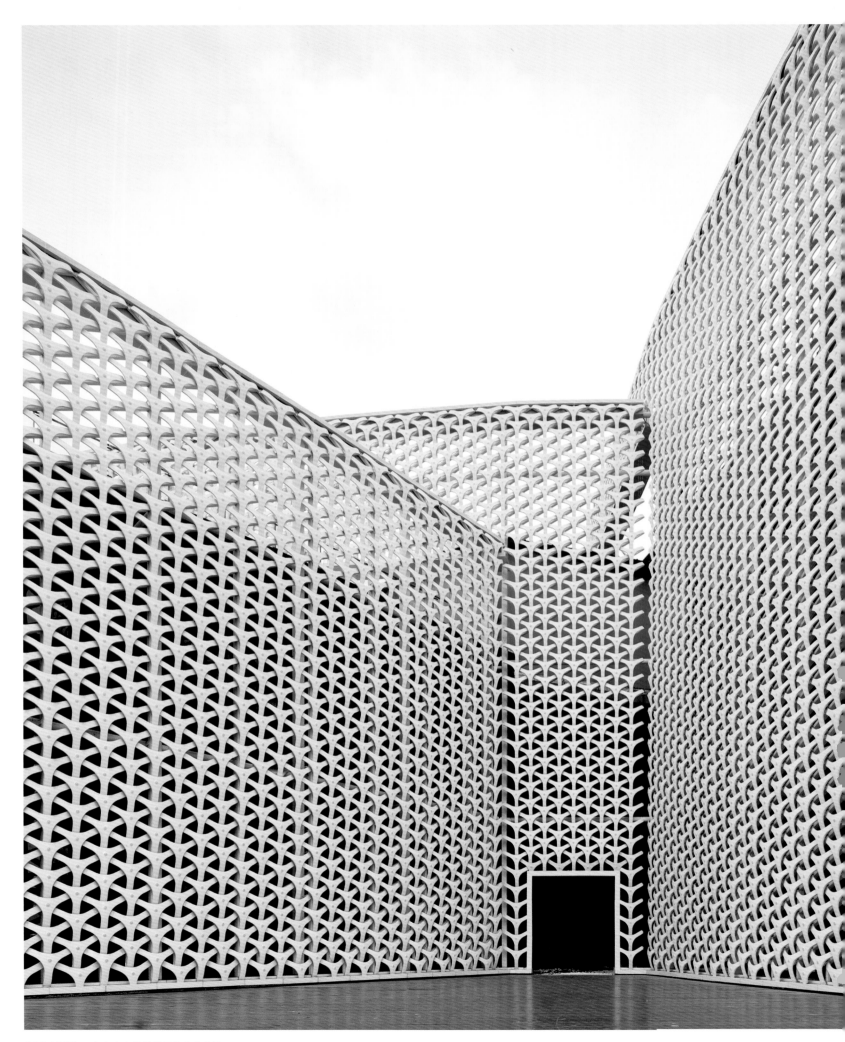

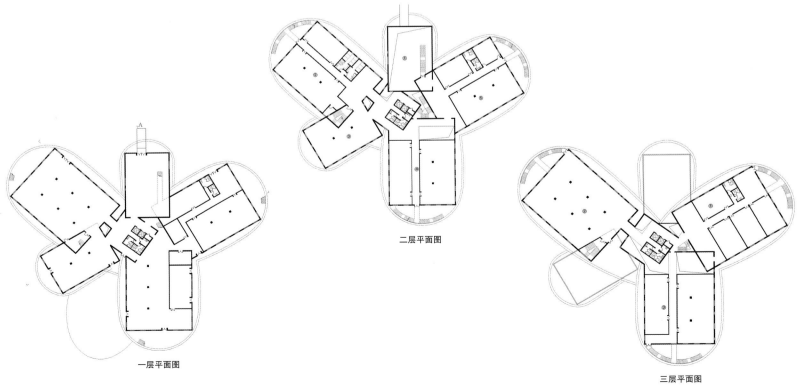

一层平面图

二层平面图

三层平面图

徐州鼓楼民生服务中心

徐州鼓楼民生服务中心基地临近黄河故道，地处中山北路附近的城市核心地带。基地形状接近正方形，由24米限高和退让红线的城市规划要求，我们先确定了最大的空间体量，在"体积减法"的研究策略下，选择了"U"形的造型方案。两座板式办公楼沿东西两侧平行设置，办公朝向以东西向为主，中间形成共享庭院。

沿街的立面设计围绕"鼓楼之窗"的概念，灵活开洞的穿孔金属板构筑的外表面和有序开窗和实体墙体构成的内墙，通过两者的对比，希望体现服务中心开放和透明的形象以及扎实有序的工作态度。在功能上，外皮和内墙间的夹层空间用于容纳室外空调机位。而U形建筑围合的内院，简洁而素雅，希望在喧闹和拥挤的市中心为使用者和办公人员提供尽可能开阔的视野和相对安静的环境。

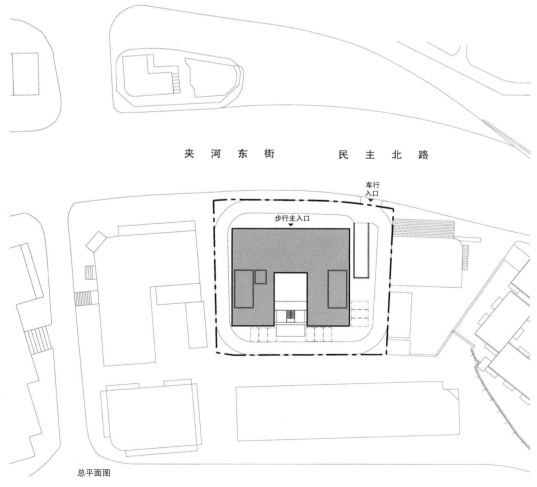

夹河东街　　民主北路

车行入口

步行主入口

总平面图

项目地址 中国，江苏省，徐州鼓楼区
设计公司 德默营造建筑事务所
设计团队 陈旭东、闻一峰、陈杨、严梦菲、埃洛伊兹·勒·卡雷（Héloise Le Carrer）、沙少雷、罗尼·博多奇（Ronnie Bertocchi）
合作设计 徐州建筑设计院
设计时间 2010年
施工时间 2011年
竣工时间 2012年
业主 江苏徐州鼓楼区政府
项目功能 公共服务、办公
基地面积 2416平方米
建筑面积 7464平方米
结构 钢结构、地下室为混凝土框架结构、混凝土箱形基础
主要建材 穿孔铝板、印刷玻璃幕墙

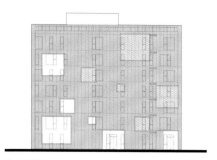

东立面图

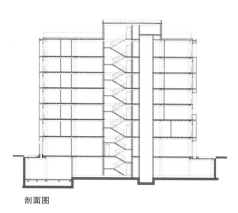

剖面图

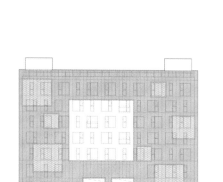

北立面图

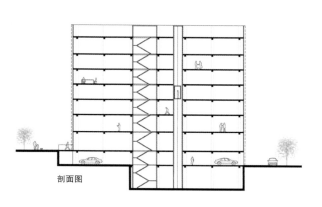

剖面图

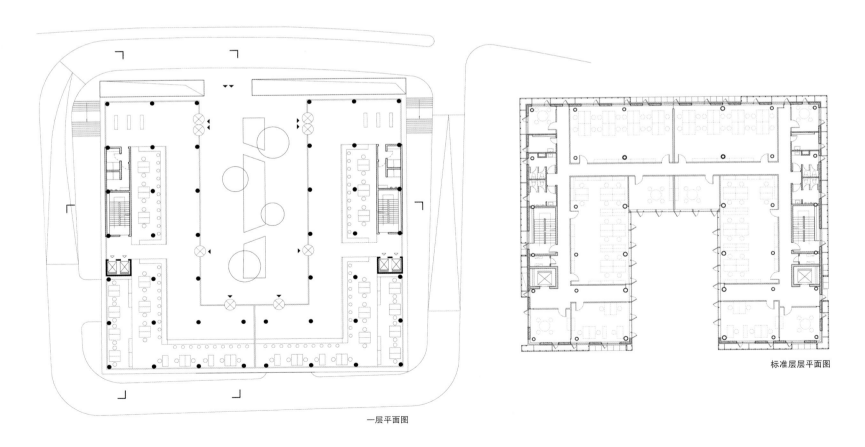

一层平面图

标准层层平面图

张华

北京阳光878

本项目位于朝阳区酒仙桥区域。原为八七八厂区，紧邻北京自发兴起的著名的文化产业基地——七九八文化产业区。

建筑以"集装箱"为元素，体现厂区所特有的工业感，体现纯朴与平实，并巧妙地与LOFT内部空间需求相结合。根据功能需要，将建筑空间化整为零，与院落景观合为一体，形成尺度亲切、柔性而多层次的内向型空间。

室内外界面的通透使空间变得开放活跃。中庭上下空间达到最大程度的连通与渗透，使各区域在视线上相互交流，形成看与被看、内与外的关系，营造出充满动感、激情和创意的空间特质。

建筑与环境景观交错契合，相互沟通、融为一体，建筑内外空间相互延展，构成不同尺度与气氛的交流空间。

项目地址 中国，北京市，朝阳区酒仙桥区域
开发单位 北京东光兴业科技发展有限公司
主持建筑师 张华
完成时间 2012年
建筑面积 64450平方米

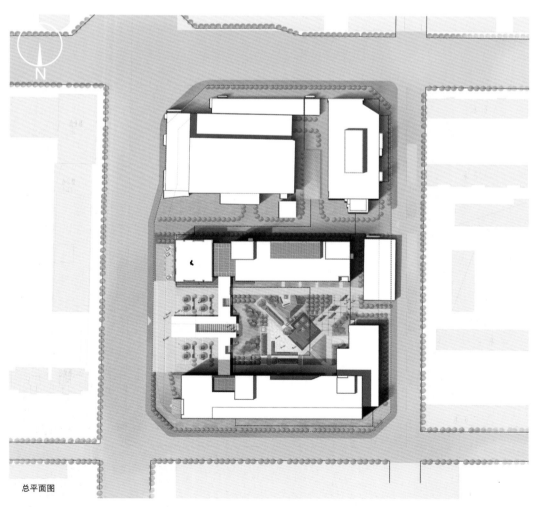

总平面图

4号楼南立面图

5号楼北立面图

4号楼北立面图

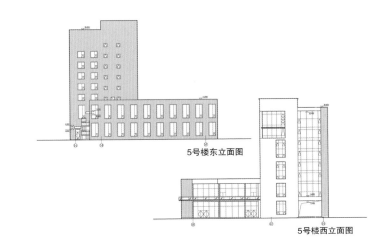

5号楼东立面图

5号楼西立面图

4号楼剖面图

5号楼剖面图

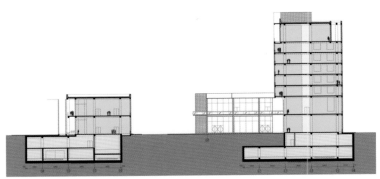

5号楼剖面图

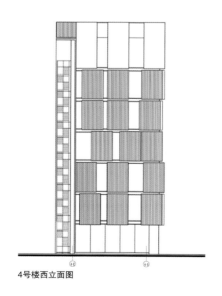

4号楼西立面图

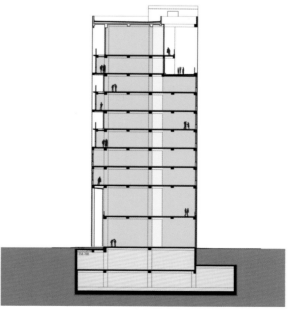

4号楼立、剖面图

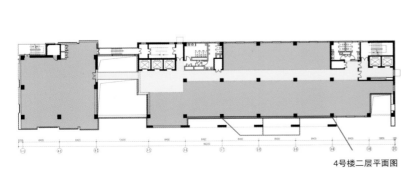

4号楼二层平面图

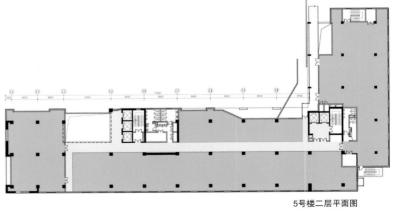

5号楼二层平面图

巴彦淖尔市临河区综合行政办公楼

基于对行政办公建筑的形态、功能，建筑的地域性、民族性，以及由巴彦淖尔文化萃取出的精华与建筑语汇的叠加，使临河区政府办公楼营造出极富张力、独一无二的外部形态。

建筑被挤压的入口空间由下而上的扩散至顶层，而在顶层，建筑端头又被以同样方式挤压。这种设计方式让我们看到了建筑本身的物质力量，一种胶体形式抗拒成为任何一种固化形态的力量，一

种成长以及蓄势待发的张力。这恰好契合了内蒙古人内心坚毅、厚积薄发的性格特征。

内部空间是满足工作人员办公的场所，我们的设计回归了小开间模式。而且由于外部形态，中庭空间被立体切割为三个部分，这三部分空间的墙面以与外部形态同样的方式被挤压，使建筑的张力由外及内的传递。整个建筑无时无刻不再捕捉一个状态，一个性格，一种力量——蓄势待发。

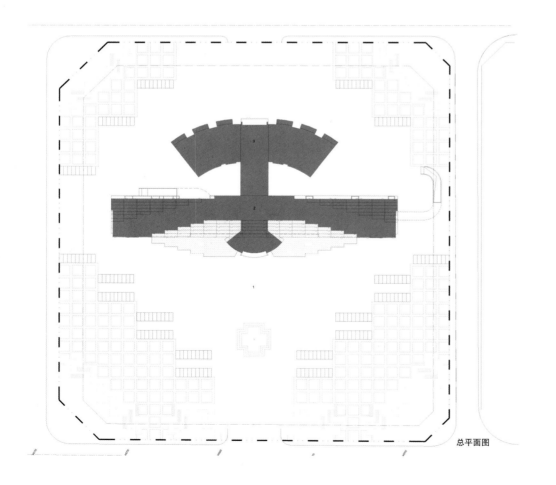

总平面图

项目地址 中国，内蒙古，巴彦淖尔市

方案设计 曹晓昕、李衣言

设计主持 曹晓昕

建筑 李衣言

结构 王载

给排水 匡杰

设备 李雯筠

电气 蒋佃刚

总图 连荔

设计时间 2008年

完成时间 2012年

用地面积 65420平方米

建筑面积 41277平方米

建筑高度 38.4米

结构 钢筋混凝土框架

巴彦淖尔市临河区综合行政办公楼

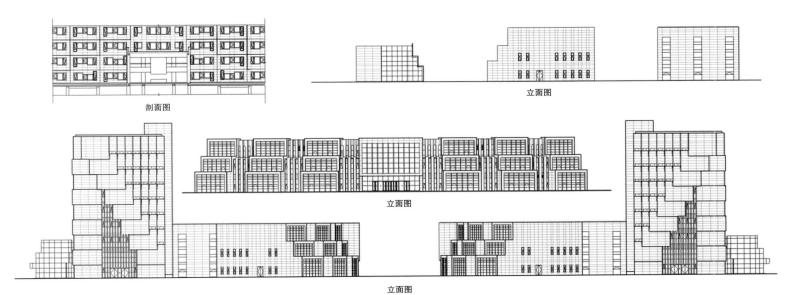

立面图

剖面图

立面图

立面图

立面图

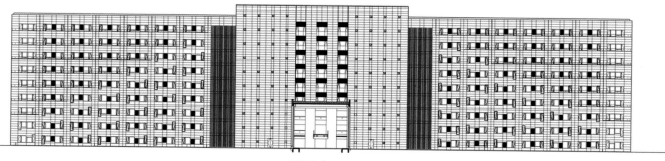

主楼核心筒立面图

主楼核心筒机房层平面图

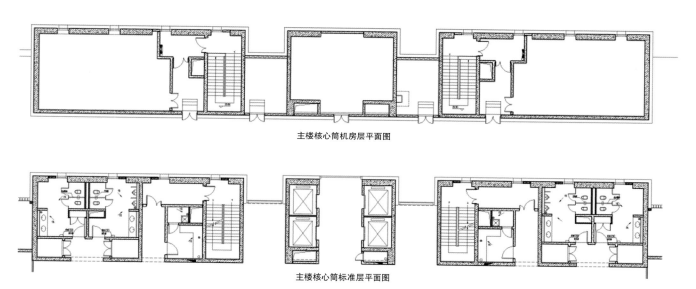

主楼核心筒标准层平面图

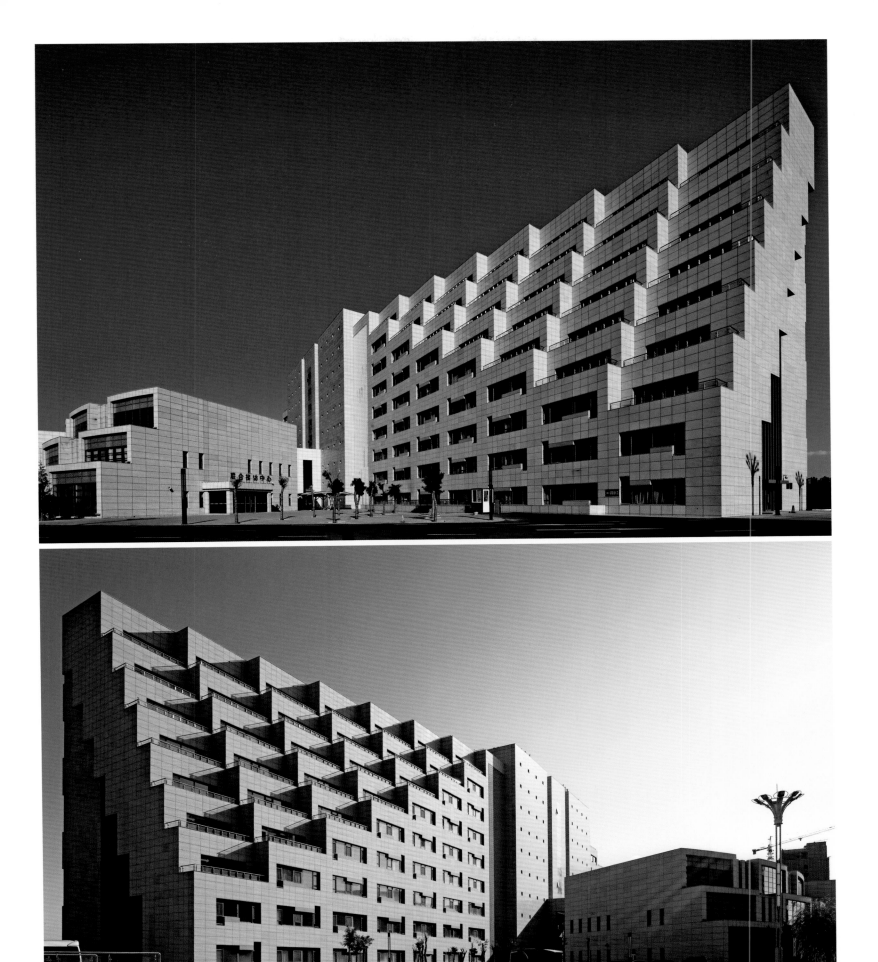

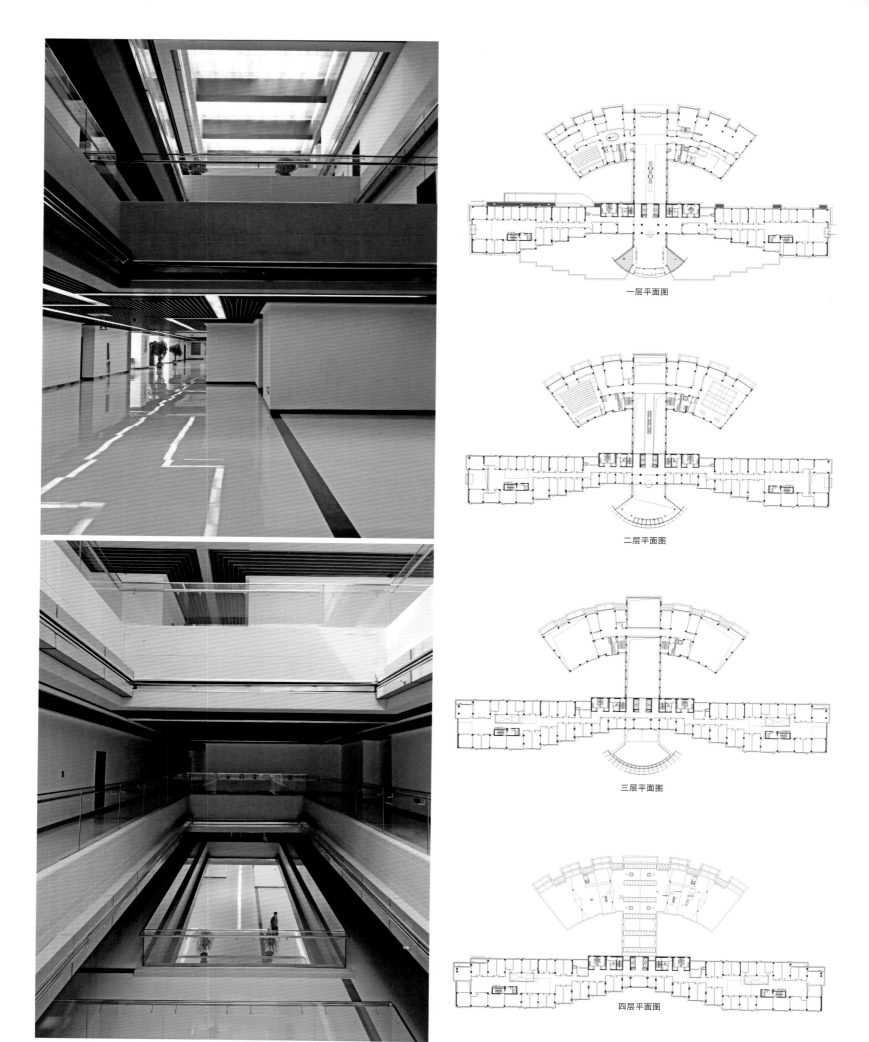

一层平面图

二层平面图

三层平面图

四层平面图

上海国际汽车城东方瑞仕幼儿园

作为上海国际汽车城的教育配套项目，东方瑞仕幼儿园位于一块两侧临路，一侧临河的不规则三角形场地上，周边分布有高标准的住宅区、研发机构和高尔夫度假酒店，基地东西两侧住宅区的跨河联通道路在基地北角穿过。

与国内一般三层为主的幼儿园模式不同，相对宽裕的场地面积让我们有机会尝试去做一个带有丰富户外空间的两层的幼儿园。这既是对于场地条件的充分回应，也是对如何在规模偏大的幼儿园建制空间中让幼儿更自主、便利地与自然接触的主动探讨。同时，相对于一般幼儿园中与当代中国城市生存经验普遍同构的盒子般的内部空间体验，我们更希望为幼儿创造一种更接近人类原初生存经验和空间原型的内部感知，让他们在这样一种富有启发性的空间环境中更有想象力地成长。

所有日托班、管理办公、后勤等功能用房都分布在一个沿东、南两侧道路展开的相对规整的L形两层体量中。

主入口开在东侧道路上，由一个内凹的带有玻璃雨棚和大树的入口庭院过渡到门厅空间。底层由一条居于L形体量内侧的蜿蜒宽大的长廊串联所有空间，南翼是一字排开的五个托儿班，带有各自的分班活动场地，并在西侧尽端通过一个架空的活动空间与集中活动场地相连；办公部分在东南角，配有一个内向庭院；而后勤部分在东翼北段。整个L形体量的底层成为一个基座平台，二层的十个幼儿班是五个两两一组的单元体分布在基座上：南翼的三组紧凑布置，以北侧的曲折短廊相连；东翼的两组南北拉开，以居中的一字长廊相通；单元体之间都是绿化屋顶或活动

平台，而东、南两翼之间通过办公部分上方的屋顶花园联通。每个单元体都由配有居中内凹双侧天窗的连续坡折屋面覆盖，并且在北侧的屋面内整合了空调及设备平台。这样的特殊设计使得幼儿班及走廊内都会高敞、明亮，每一组双坡屋面都对应了班内的活动室、卧室或卫生间，使幼儿在大进深的班级内部有一种居于屋檐下透过天窗光庭对望不同空间的屋顶和天空的奇特感受。这种感受首先和人类原初的居家及在家的屋檐下获得庇护的安定感有一定关联，这种安定感来自对于自身所处时空位置的最大限度的肯定和把握；同时这种感受又和聚落聚居的人们在安定的基础上寻求自由和交流的愿望相联系，可以启发幼儿在空间中的探索和发现。这就像我们的心灵可以安坐其中，思绪却能飘向上空，神游般地看清楚自己的躯壳。

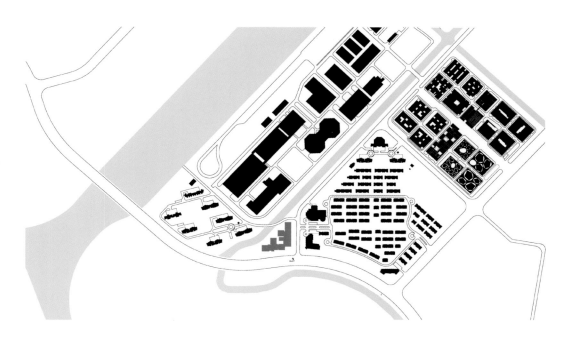

项目地址 中国，上海市嘉定区，
安亭镇博园路以北，安研路以西
建筑师 周蔚、张斌（致正建筑工作室）
设计团队 袁怡、孟昊、
李姿娜、王佳绮、潘凌飞、张展
设计合作 上海江南建筑设计院有限公司
施工单位 上海万恒建筑装饰有限公司、
上海豪成装饰有限公司
业主 上海国际汽车城(集团)有限公司
设计时间 2011年～2013年
建造时间 2012年～2013年
基地面积 11050平方米
占地面积 4085平方米
建筑面积 6342平方米
建筑层数 地上2层
建筑高度 5.2米
结构 钢筋混凝土框架结构（局部钢结构）
主要建材 涂料，平板玻璃，烤漆铝板、
穿孔铝板，铝型材，铝镁锰板，型钢，塑木板
工程造价 约4200万元人民币

所有的公共活动空间，包括室内泳池、多功能活动室和六个专题活动室三部分，成为从主体量中向延河方向自由伸出的三个相对通透的单层体量，它们之间及外围与河道之间形成一系列形态各异的绿化及活动庭院。

三个体量层高各不相同，屋顶成为高低错落的三个带有绿化的活动平台，其中泳池屋顶的活动场地是一个高敞的、由半透明穿孔铝板包裹的虚幻的与二层单元体同构的"房子"，内部布置充气的悬浮云朵、各型户外玩具和大型盆栽绿化，成为一处带有梦幻色彩的抽象的城堡，我们称其为"天空之城"。这些沿河一侧的地面及屋顶的户内户外活动空间成为屏蔽了交通干扰、景观优越的公共交流空间。

L形的主体由银灰色的金属屋面及涂料墙面组成轻盈的背景，各种营造水平视野的长窗带以及内凹窗带洞口侧边的色彩处理成为立面上的认知重点。公共活动部分的竖向窗带及其由穿孔铝板包裹的彩色窗间墙共同营造了通透、柔和的效果，模糊了建筑体量和环境景观的界限，并以那个虚幻的"天空之城"以及其中透出的多样童趣作为沿河一侧的空间焦点。

室内设计在墙面及顶棚上延续了浅淡的色彩处理，同时大量的枫木表面隔断和橱柜也增强了空间的温暖感。

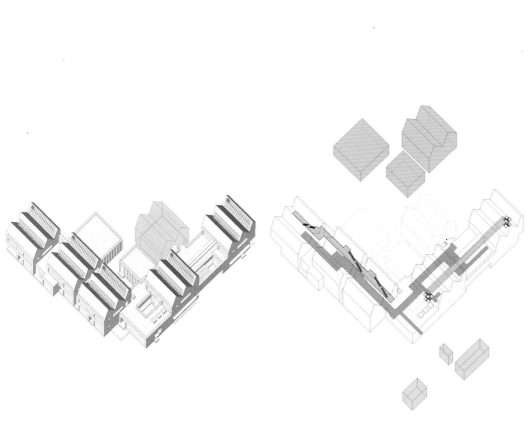

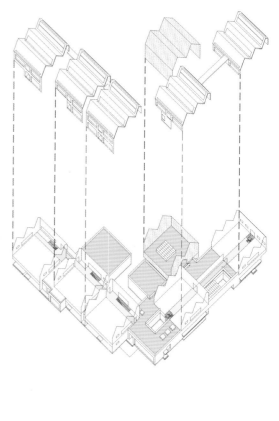

轴测图

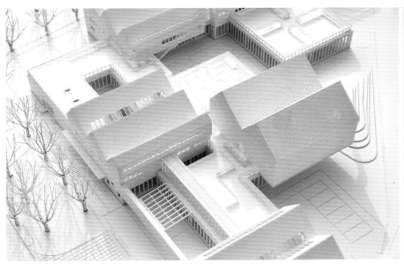
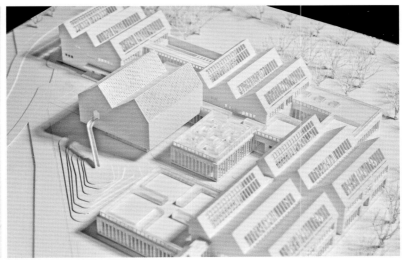

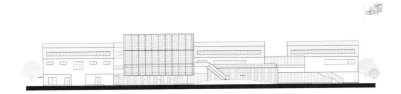

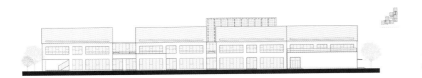
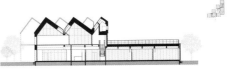

剖面图

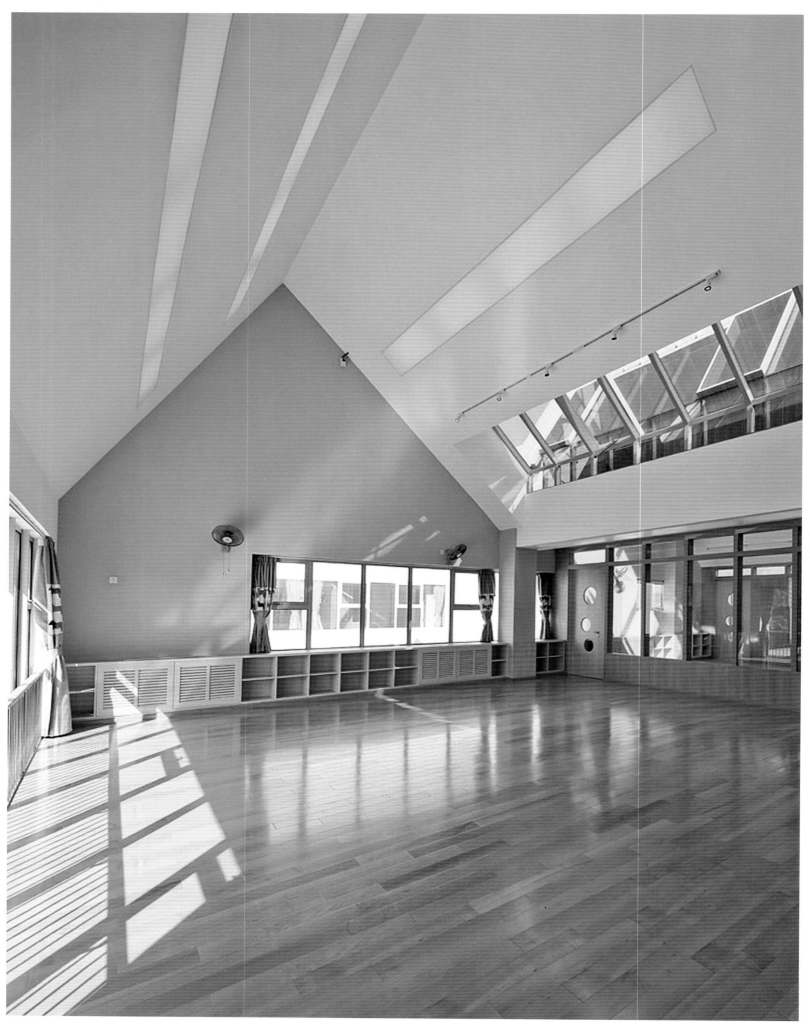

一层平面图

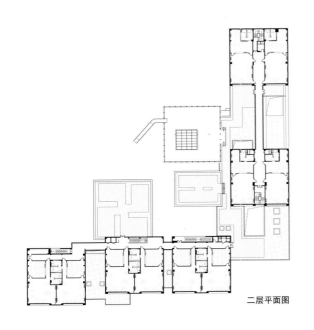

二层平面图

临港新城展览馆

临港新城展览馆基地位于两条道路交叉的三角地带，下沉北侧基地自然连接预留的通道和北侧公园相连。一条穿越建筑的通道和二层的开放空间是建筑的基本空间特点。顺应周边环境的砖通过特定的构造方式获得了与砖自身质感相反的轻灵感觉。立面通透如纱，这也正是展览建筑公共性的体现。

场地

基地位于新城区两条主干道相交成锐角的用地上。过于快速发展的城市，使得整个新区都布景化了。建筑被远远的退在宽阔的道路后面，远离了世俗的生活和熟悉的人情冷暖。基地北侧隔开港城大道是新区的中央公园，道路建设的时候，地下就已经预留了人行通道。而南端的开口就在建设场地内。基地南侧是江阴市高级中学，学校是一组院落式的红色面砖建筑群体，由于体量因素，在环境中占主导地位。

功能

规划展览馆由于其实际的政府职能功能，其外在表现不同于一般的展览馆，它并不具有真正的公共性。以开放窗口为目的的建筑在其实际使用层面的自闭，是规划展示馆的特殊表现方式。好在民主和亲民意识慢慢成为社会主导思想的前提下，政府也不希望建筑只是一个炫耀的资本，而是要成为一栋实实在在可以和市民对话的建筑。

材料

很自然，一个透明的表皮是保证公共空间开放性的基础。同时为了满足展示馆作为政府职能功能所需的稳重与宏伟要求，建筑表皮采用一种折中的半透明策略。在保证建筑体量感的同时，半透明更多了一份暖昧。这也是对略显乏味的城市空间的一种回应。建筑因为半透明，使得内部的开放空间更具有吸引力。在半透明开放表皮的材料选择上，由于相邻学校的存在，很早就确定了红砖的使用。与砖相比，穿孔板同样可以达到

半透明效果，但问题在于，展览馆的外表皮是一个全开放的体系，里外两个面将全部暴露在公共空间内，这就要求内外两个表皮需要完全一致，而金属板内侧的骨架是无法隐藏的，所以最终还是决定用砖。另一方面穿孔板的孔洞和整体之间还有一个铝板的模数关系，而砖就是简单的个体和整体的关系，因此逻辑上也就会显得更加纯粹。砖是一种很有重量感和温润感的材料，非常具有亲和力，这也是建筑师所喜欢使用的材料。而如何使砖获得半透明的开放性变成了这个建筑设计完成之后最花精力的地方！

构造

建筑的主要体块是一个漂浮在二层的立方体，平静而纯粹。但高达7.5米整面砖墙空砌在构造上却十分困难！由于砖的模数限制，在整砖砌筑下留半砖的空洞，孔的宽度肯定会小于深度。这样通透的感觉会大打折扣。这与半透明的设计愿望是不符合的，所以决定整面墙要用半砖来砌筑完成。配筋构造是标准的加强构造措施，也就是每

总平面图

几皮砖在灰缝里加一根横向钢筋。但在半砖的宽度尺寸下，这种构造方式显然对抗震是不利的。加上有空砌的要求，底面钢筋不可避免要暴露在外面。而且这种砌筑方式对砂浆严重依赖，对砌筑的工艺要求太高，按现有工匠的水准是无法高质量的达到设计要求的。所以用钢筋穿孔的方式把砖联结为一个整体是唯一的解决方案。

施工

实验之后，大家也就有了底气，可以大面积施工了！第一皮砖的定位是整片墙的核心。由于实际的建筑长度和砖的模数不是一个整倍数关系，所以在四个角部的第一块砖的孔洞宽度不是半砖，而是根据实际放样排砖后留下的大小。也就是说第一块砖是整面墙的一个尺寸调节器。这是很有意思的一点。从最终结果看，角部的小孔作为施工痕迹如同衣服走边的针线活一样被完整的保留了下来。砖是以每两层留一个竖向空为单位来砌筑的，在整体砌筑完成后做好压顶圈梁。立面上的肌理则是用半砖填空的方式完成的。

项目地址 中国，江苏省，江阴市，临港新城
项目主创 荣朝晖、顾爱天
项目建筑师 刘虎
设计时间 2011年
竣工时间 2013年
规划总用地面积 5666平方米
占地面积 2451.6平方米
总建筑面积 4481.2平方米
建筑高度 10.4米
容积率　　0.61
主要建材 陶土砖、混凝土、玻璃、钢

姚力/摄影

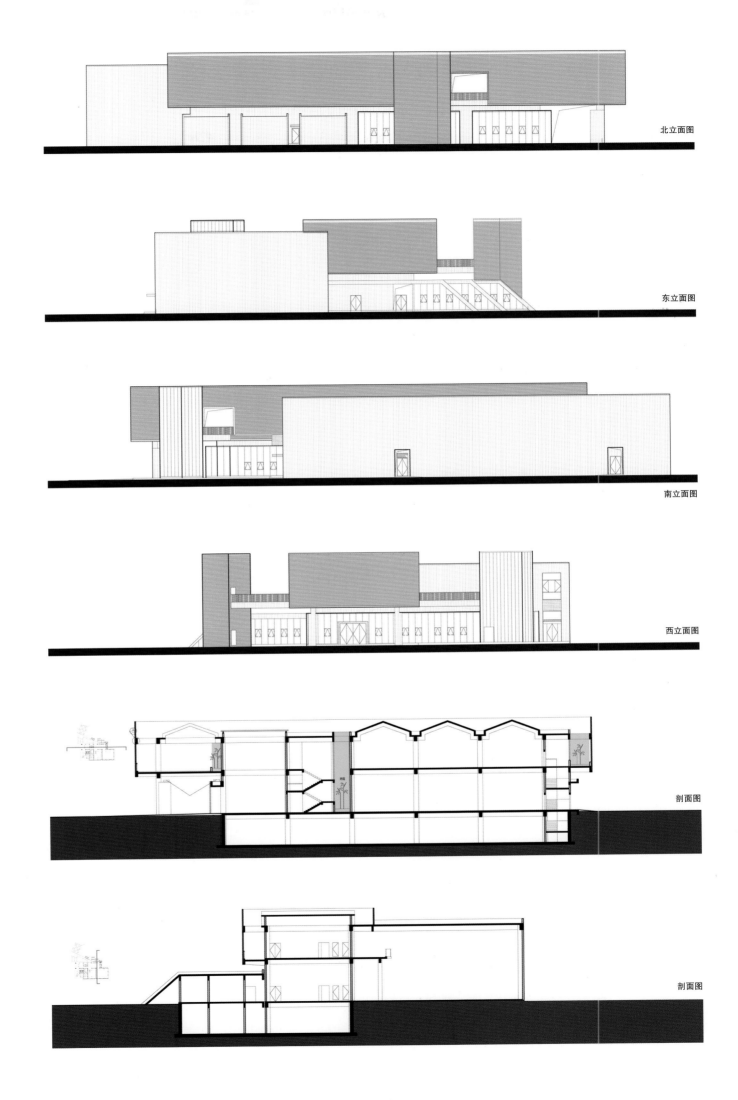

北立面图

东立面图

南立面图

西立面图

剖面图

剖面图

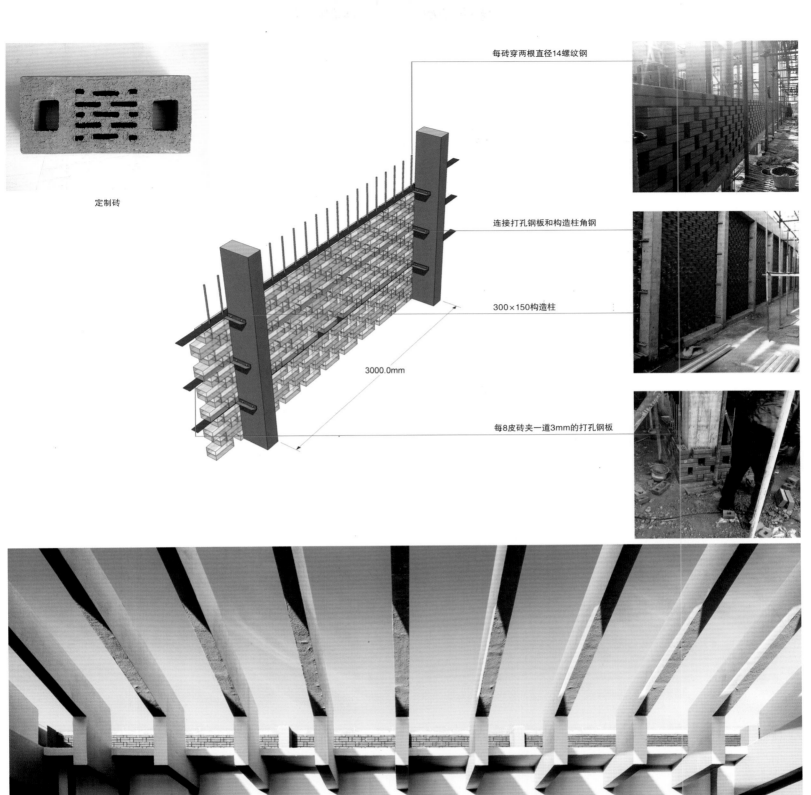

定制砖

每砖穿两根直径14螺纹钢

连接打孔钢板和构造柱角钢

300×150构造柱

3000.0mm

每8皮砖夹一道3mm的打孔钢板

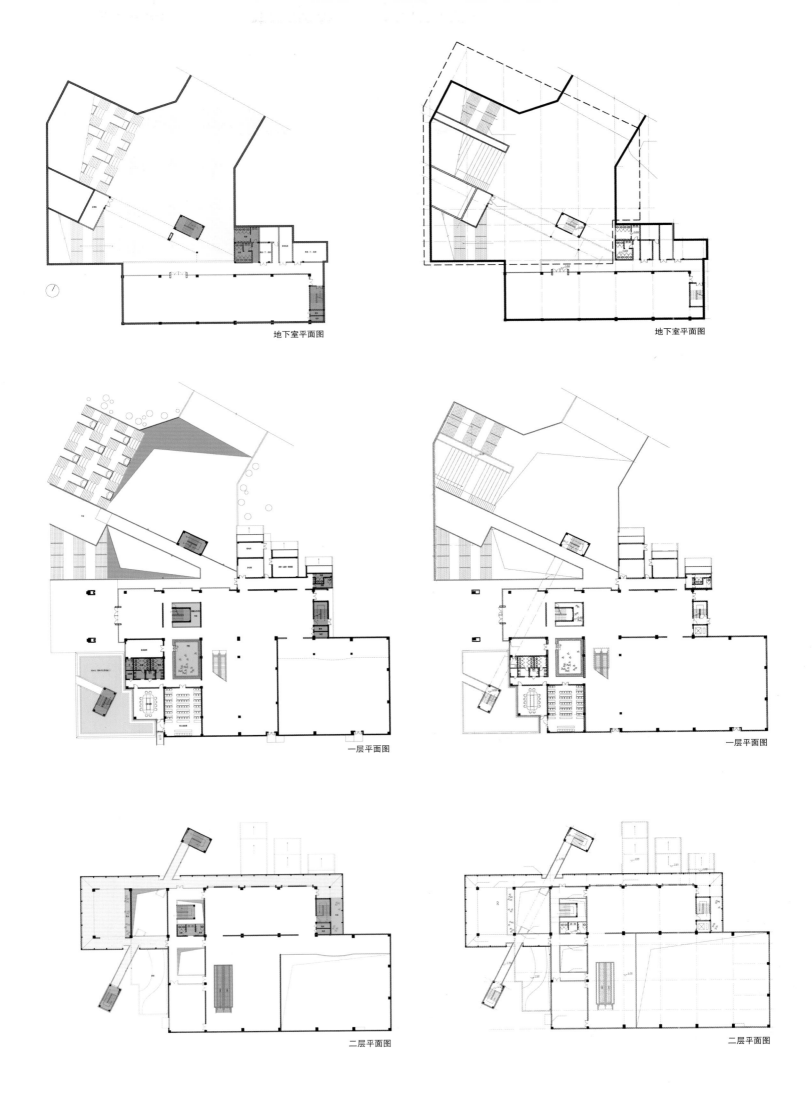

地下室平面图

地下室平面图

一层平面图

一层平面图

二层平面图

二层平面图

王彦

鼎立雕刻馆

崇武古城始建于1387年，是中国现存比较完好的明代石头城。这里距福建泉州大约半小时车程，素有"中国石雕之乡"的美誉。而鼎立雕刻馆就位于直达古城的惠崇国道旁。

鼎立雕刻馆坐北面南，处于广场中轴位置；东西两侧分别是保留下来的原有办公楼和新建的接待中心。它们与艺术馆形成U字型广场，环抱中间水池。

雕刻馆外观像是错位磊叠起来的巨石堆，方正大气，暗示着石雕馆功能特征，同时给人以质朴拙然的视觉感受。众多折面的石材幕墙单元在日光下分出光影，视觉层次丰富；转角处钝角转折处理更增加了浑厚有力的建筑感。雕刻馆内部空间体现天圆地方的主题，中心圆形内庭空间统摄全局，四隅展厅分别设置石雕作品。顶层露台设置休憩空间，俯瞰南侧广场。

雕刻馆立面选用了当地易采的普通花岗岩，崇武人称它为"G654"，是经常被用作石雕的建筑材料。崇武古城是座明代石头城，传统石房子历来就地取材，用石块垒叠砌筑而成，独具特色。雕刻馆立面巨石垒叠的设计概念不禁让人与崇武当地的"出砖入石"建筑传统联系起来。而简洁纯粹的垒叠形象极富现代感，也抽象地表达了建筑与当地人文历史的联系。

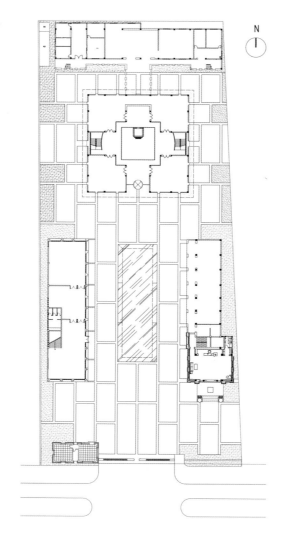

N

项目地址 中国，福建，泉州
开发单位 福建鼎立雕刻有限公司
承包商 福建丰盈建筑工程有限公司
主持建筑师 王彦
设计团队 高广也、张旭
景观设计 ATR Atelier
结构设计 上海同筑结构事务所
设计时间 2005年
完成时间 2013年6月
用地面积 8000平方米
总建筑面积 3900平方米
预算 1500万元人民币

吕恒中/摄影

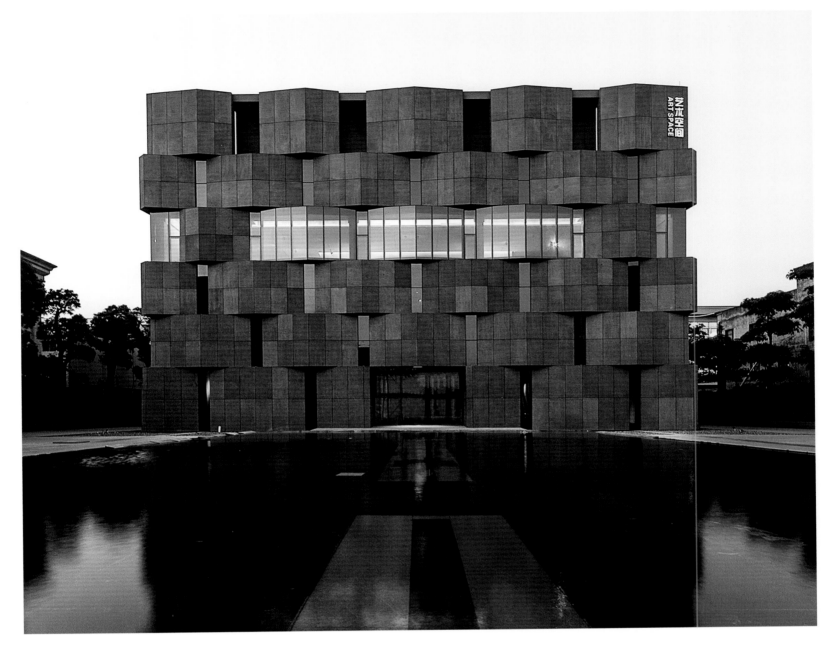

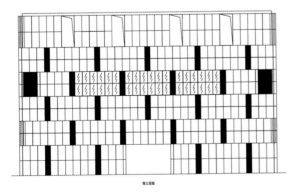

南立面图

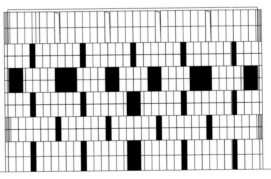

东立面图

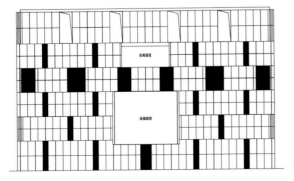

北立面图

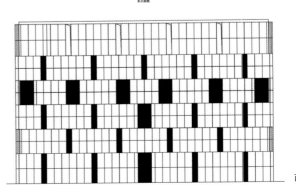

西立面图

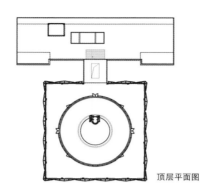

顶层平面图

一层平面图

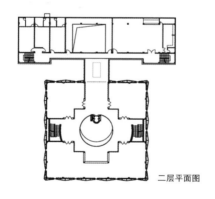

二层平面图

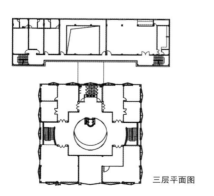

三层平面图

红砖美术馆

红砖美术馆位于北京市朝阳区崔各庄地区1号地国际艺术园区内，规划总面积约9000平方米。

美术馆主展馆设A门和B门、9个艺术展示空间、2个共公休闲体验空间、1个艺术延伸品商业空间、1个图书影像空间、1个咖啡空间、1个休闲会客办公空间，1个充满中国园林意境的园林景观。建筑园林设计以当代艺术展示功能要求为根本，以中国文化为底韵，以能够完美记忆岁月印迹的红砖为建筑材料，创造出一个将建筑与园林完美结合的中国当代美术馆。

项目最显著的特征是它的三角体量外观。按照三角形斜边距离大于直角边的原理，将原本平行于外墙的增建墙体扭转45度，观看这堵斜墙的距离将增加1.4倍左右，这是个模糊的估量，当清晰的图纸出现后，出现更加令人欣慰的结果。

1. 每个三角形壁龛里都有两堵直角相交的大墙，与原先壁龛里的单独展墙相比，展墙面积得到数量的倍增。

2. 三角体量的外出距离足以为它在顶部向着屋顶方向设置高窗，它避免了在外部体量上开设洞口大小的迟疑，而一系列三角体量在室内造成的空间感受——既保持了视觉的连续，又保持了相互间的部分遮弊。

3. 三角形顶部的高侧窗，绕开了对天窗渗漏淋画的质量担忧，而翻修屋顶拆出来的钢结构与屋顶的缝隙的天光，令人颇感意外——它照亮了厂房原先方形洞口的残余边缘，也揭示了这个方洞内嵌三角形体量的操作结果。而实际建成的光线效果，甚至比预想的好，在一般天气里，无需借助人工光就能观展。

项目地址 中国，北京市，朝阳区
设计师 董豫赣
设计时间 2007年～2012年
施工时间 2008年～2012年
完成时间 2012年
占地面积 约9000平方米
建筑面积 约6000平方米，其余为庭园部分

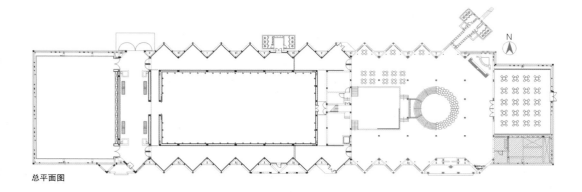

总平面图

万露/摄影

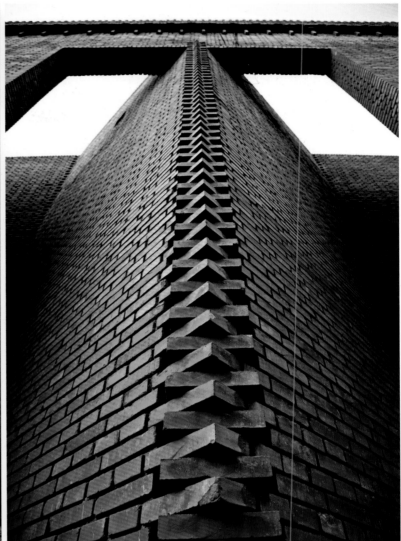

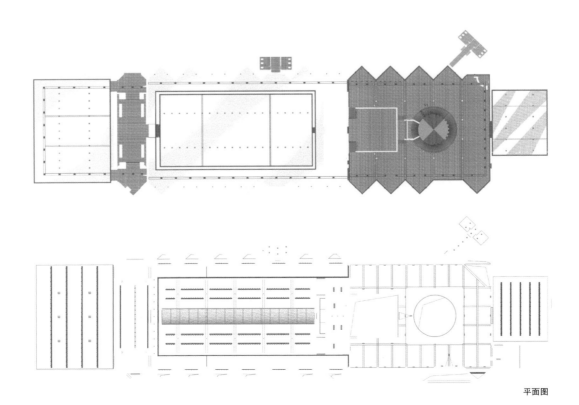

平面图

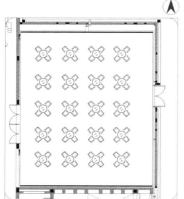

多功能厅1

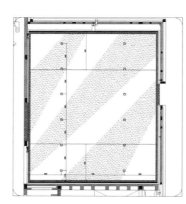

多功能厅2

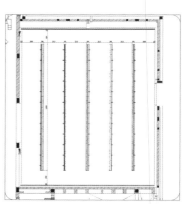

多功能厅3

阿里巴巴淘宝城展示中心

阿里巴巴淘宝城展示中心位于杭州市阿里巴巴淘宝城中心位置，2011年末开始设计，2013年8月建成。

建设用地位于办公群体与自然湿地之间，过渡与渗透是基地环境赋予建筑的必然属性。基地东、西、北三面为淘宝城办公楼，形体为一系列相互嵌套的矩形体块，主要建筑语言为东西向水平线条。湿地肌理为南北向五道水体，与办公区走向垂直。汇集办公园区东西导向和自然湿地南北导向，以水流波动的形态软性疏导两个方向的动势从而凝固成为建筑体量。尊重原有环境，将水面一侧抬起构成面向湿地的斜面底座，并设计下沉亲水广场，延续

水体从办公广场至自然湿地。抽象基地环境元素，将水流与树木意向用于建筑纹理。

针对建筑形体复杂、曲面为主的特点，设计深化过程采用了Rhino模型主导精确形体定位研究，优化形体几何逻辑，特别在曲线形体建造上，利用三角形折板降低建造的复杂程度，控制建造精度。在阿里巴巴淘宝城展示中心设计到实施过程中，通过建立三维数字模型进行设计辅助，实现了建筑信息模型的部分功能，完成了专业协调。在建筑外围护系统的施工过程中，数字模型成为了各专业定位、调整、交接、校核的基准，从而保证了项目较高的实现度。

项目地址 中国，浙江省，杭州市，
　　　　　阿里巴巴淘宝城
主持建筑师 张晓奕
设计团队 张晓奕、明晔、何雷、
　　　　　孙昱哲、陈熠昕、Mirta Ciari
设计时间 2011年~2012年
竣工时间 2013年8月

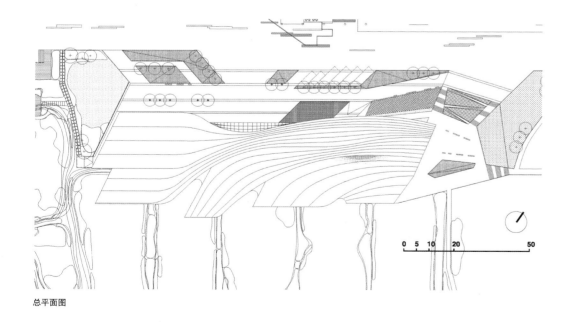

总平面图

0　5　10　　20　　　　50

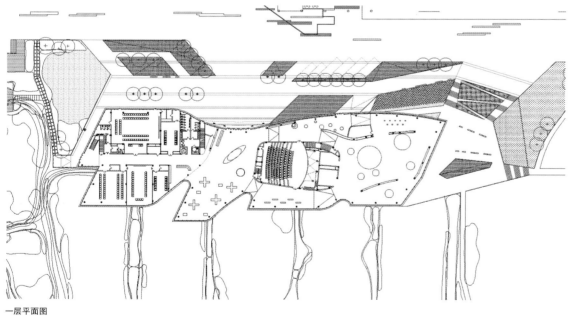

一层平面图

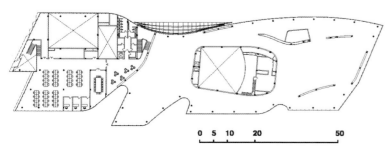

二层平面图

0 5 10   20   50

建筑生成逻辑

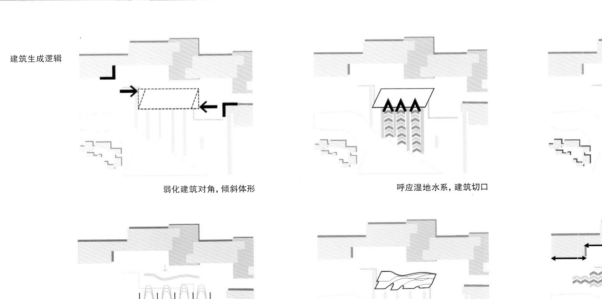

弱化建筑对角，倾斜体形

呼应湿地水系，建筑切口

强调建筑入口，北侧退让

入法-办公室，交融，自然湿地

建筑形体

平衡竖向水系与横向建筑体量，曲线生成

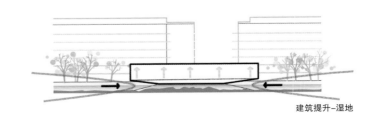

建筑提升-湿地

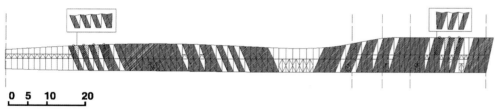

0 5 10 20

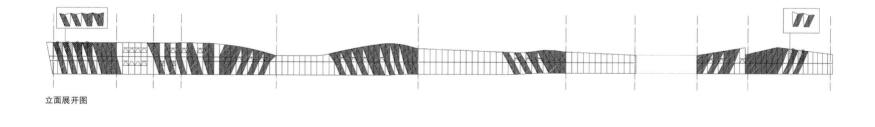

立面展开图

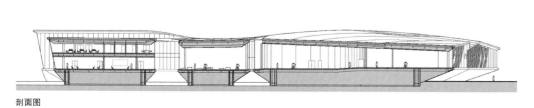

剖面图

0 5 10 20 50

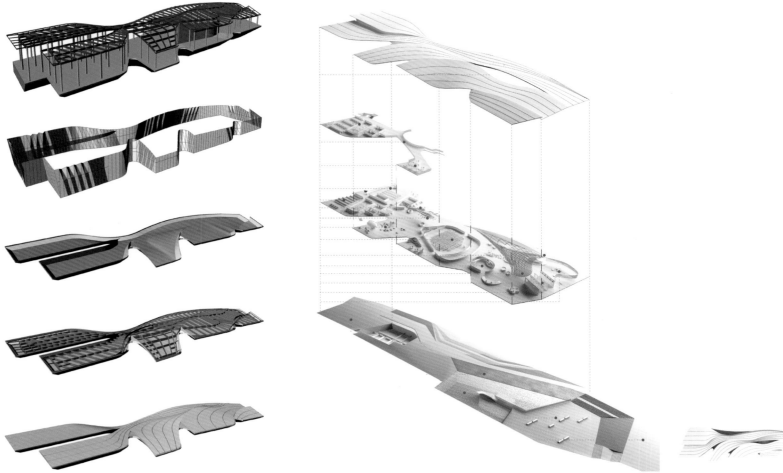

张永和

建川博物馆聚落十年大事记馆

形式语言是在反复推敲的设计过程中逐渐清晰的：建立起"文革"建筑和社会现实主义、古典主义以及粗野主义的关联。

建川博物馆聚落由民营企业家樊建川创建，位于大邑县安仁镇，占地500亩，建筑面积近10万平方米，拥有藏品800余万件，其中国家一级文物329件。博物馆以"为了和平，收藏战争；为了未来，收藏教训；为了安宁，收藏灾难；为了传承，收藏民俗"为主题，匠心独具地突破了传统意义上的单纯的"博物馆"的概念，建川博物馆聚落可分为四个大系：抗战、民俗、红色年代和地震，上限至1900年，跨度百余年，收纳这个时段的一切记忆。而且还进一步将各种业态的配套如酒店、客栈、茶馆、文物商店等各种商业等汇集在一起，让这些配套设施呈现亚博物馆状态，形成一个集藏品展示、教育研究、旅游休闲、收藏交流、艺术博览、影视拍摄等多项功能为一体的新概念博物馆和中国百年文博旅游及乡村休闲度假旅游目的地。

建川博物馆聚落十年大事记馆就位于建川博物馆聚落中，是用于展示樊建川先生所藏文化大革命时期文物的陈列馆，又因其基地横跨河流，建筑本身是一座步行桥，从而得名"桥馆"。

在设计过程中，非常建筑的设计师们不断反思古典主义的原则。比如，博物馆盒子没有典型古典主义建筑所具备的基座，而是支撑在倾斜的柱子上。更为明显的是，混凝土表面的粗糙肌理颠覆了古典主义的优雅感。整个混凝土结构由技术不甚熟练的当地施工人员建成，结果成为了对粗砺质感的礼赞。受画家卢西安·弗洛伊德的作品中以"粗野"现实主义挑战当代人性的启发。

卢西安·弗洛伊德（Lucian Freud）是表现派画家，其作品风格粗率、性感而注重绘画性，偏好人物与裸体画像。在抽象表现主义风靡整个艺术世界的20世纪，弗洛伊德仍一直坚持表现主义绘画，最终成为英国最伟大的当代画家之一。

"粗野古典主义"的桥馆以及富有历史沧桑感的外观能引导参观者们追问历史的真义。对于混凝土材料本身，设计师认为，以日本建筑为代表的高精细度手法并非表现混凝土质感的唯一途径，采用别的形式也可能传达混凝土的美，应向巴西建筑学习。

清水混凝土是混凝土材料中最高级的表达形式，它显示的是一种最本质的美感，体现的是"素面朝天"的品位。清水混凝土具有朴实无华、自然沉稳的外观韵味，与生俱来的厚重与清雅是一些现代建筑材料无法效仿和媲美的。材料本身所拥有的柔软感、刚硬感、温暖感、冷漠感不仅对人的感官及精神产生影响，而且可以表达出建筑情感。因此，这是一种高贵的朴素，看似简单，其实比金碧辉煌更具艺术效果。世界级建筑大师贝聿铭、安藤忠雄等都在他们的设计中大量地采用了清水混凝土，例如悉尼歌剧院、日本国家大剧院、巴黎史前博物馆等世界知名的艺术类公建均采用这一建筑艺术。

而且，清水混凝土是一次浇注成型，不做任何外装饰，直接采用现浇混凝土的自然表面效果作为饰面，因此不同于普通混凝土，表面平整光滑、色泽均匀、棱角分明、无碰损和污染，只是在表面涂一层或两层透明的保护剂，显得十分天然，庄重。

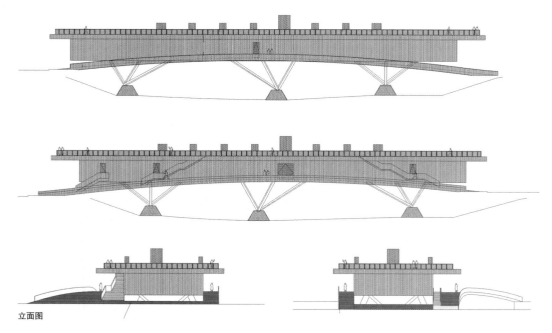

立面图

项目地址 中国，四川省，大邑县安仁镇
开发单位 四川安仁建川文化产业开发有限公司
主持建筑师 张永和
建筑事务所 非常建筑
项目负责人 刘鲁滨
设计团队 吴瑕、郭庆民、梁小宁、冯博
设计合作 深圳市鑫中建建筑设计顾问有限公司
摄影师 吕恒中
设计时间 2009年－2010年
完成时间 2012年
用地面积 2403.2平方米
建筑面积 2114平方米
建筑层数 地上1层
建筑高度 5.2米
结构 钢筋混凝土结构
主要建材 竹模清水混凝土

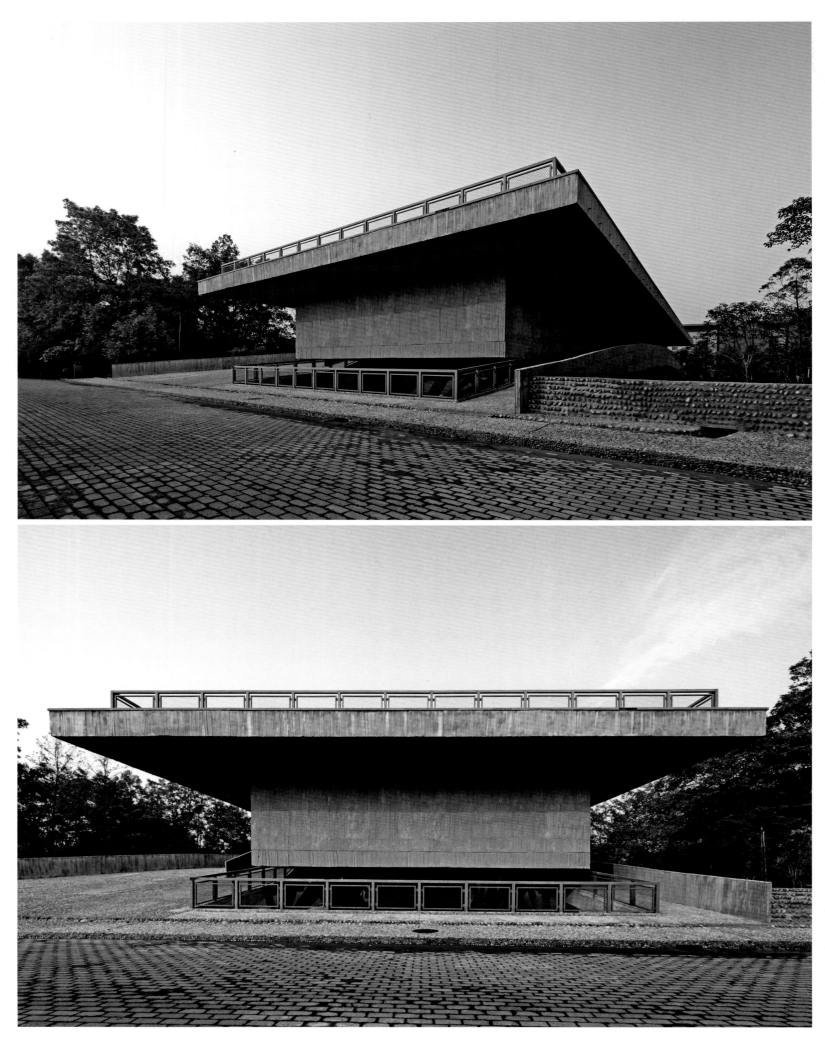

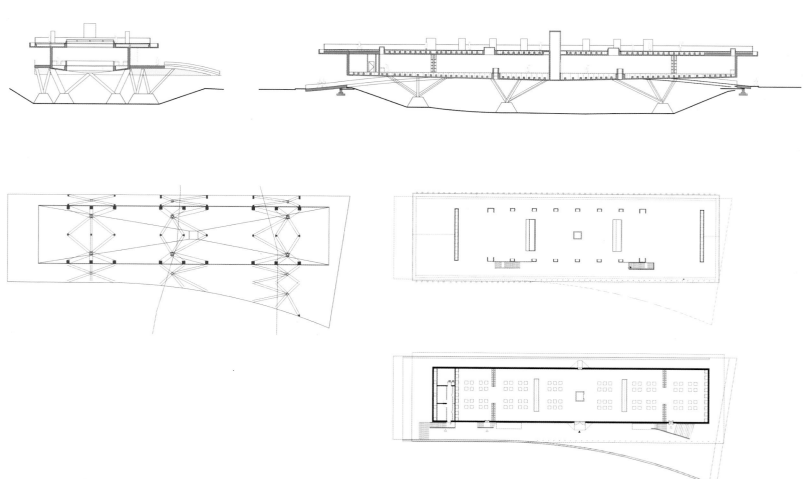

钟乔

南方科技大学行政楼

概况

南方科技大学从规划设计初始就有有识之士大力摒弃中国大学受高度集权的政治体制和管理模式根深蒂固地影响衍生出的"大轴线""大广场"的规划模式，提倡"共享、融合、开放"的校园总体规划基本概念。打破学科分割，追求交流互动，氛围自由，促进集中和跨学科的合作是新校园规划的基本原则。以清晰的边界策略保证校园公共空间的形成和单体建筑集群设计的灵活性和可操作性。但古旧的"集权"思想又无时无刻以其巨大的隐形控制力在阻挠着新型开放校园的设计与建设。而新行政办公楼的设计正是在这样的狭缝中挣扎抗争的产物。

2010年，朱清时院士出任南方科技大学校长，并提出"去行政化"的新型办学思想！新兴的办学理念呼吁更加开放的校园规划和学校建筑设计！

以一种开放、谦虚、亲和力的姿态体现"去行政化"和"教授治校"是设计的关键策略。让办公回归到仅仅是"办公用房"这一纯粹而简单的概念体系，剥离办公与"行政"的潜在关系。

强调建筑地域特点

从南方湿热性亚热带气候特征出发，以传统的"天井"建筑为模型，希望通过小尺度"井院"，底层架空，导风入室，外遮阳等传统手法创造舒适的办公环境小气候。

"捷径"的介入

强调图书馆信息中心才是现代大学的精神核心，插入两层全开放公共步行系统游走于三个"井院"之间，形成类似街道的"捷径"。捷径带来的大量穿越性人流和建筑间提供的舒适的阴影遮蔽空间，极大地提高了办公建筑所处环境的公共性，让学校的行政事务变得开放和平易近人。将教授和学生的关系消解成平等的"街坊""邻里"关系。

以"表皮"包裹

由于三组小型建筑群的组合与周边图书馆信息中心和会堂的大尺度体量存在不可调和的视觉矛盾，同时由于建设过程中来回易稿导致建筑立面相对混乱和尴尬的实际局面和由于抢工造成的较大施工误差和粗糙性等因素，我们决定用一张连续的轮廓相对简洁的表皮同时包裹整个建筑群，使之与图书馆信息中心和会堂建筑在外观体量和尺度上达成协调一致的群体感受。

浪漫的表皮一方面起到整合体量的作用，另一方面则起到外遮阳和遮丑的实际功能作用。表皮的设计围而不挡，透而不露，形成干净界面的同时，带来建筑和街道等公共空间之间的过渡性模糊的灰色空间。

结语

彻底剥掉中国近代"行政办公楼"的官式外衣。以谦虚的姿态把学校中心让给校图书馆信息中心。让到达图书馆的公共开放步行捷径直接从行政办公楼中间穿越，彻底让学生和老师从心里接受"去行政化"的真实含义。

项目地址 中国，广东省，深圳市，南山区
主持建筑师 钟乔
设计公司 筑博设计建筑工作室
项目负责人 黎靖
设计团队 张甜甜、黎靖、冯茜
合作设计 筑博设计深圳区域公司
设计时间 2010年
竣工时间 2012年
业主 南方科技大学
用地面积 7210平方米
建筑面积 6500平方米

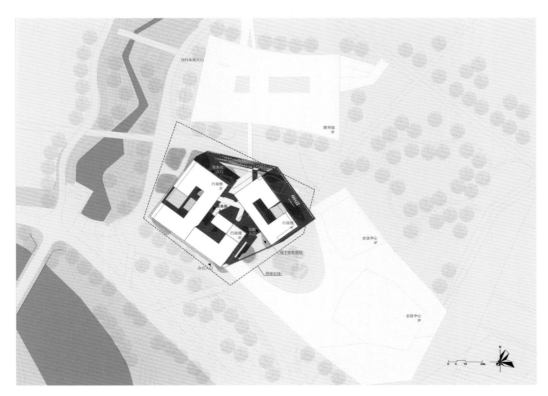

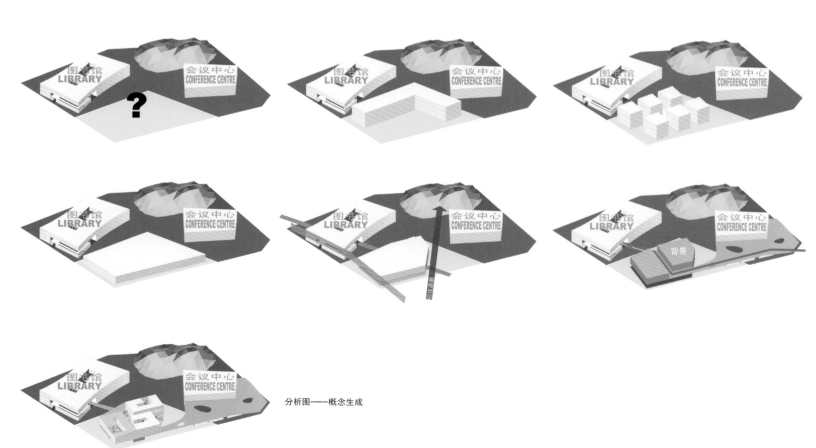

分析图——概念生成

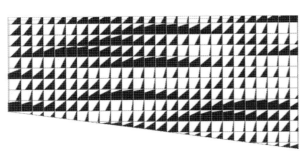

东南幕墙立面图

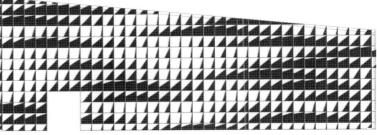

西北幕墙立面图

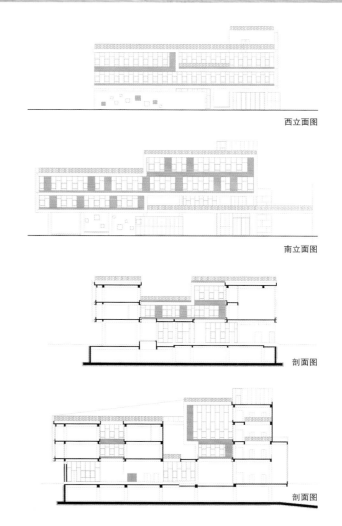

西立面图

南立面图

剖面图

剖面图

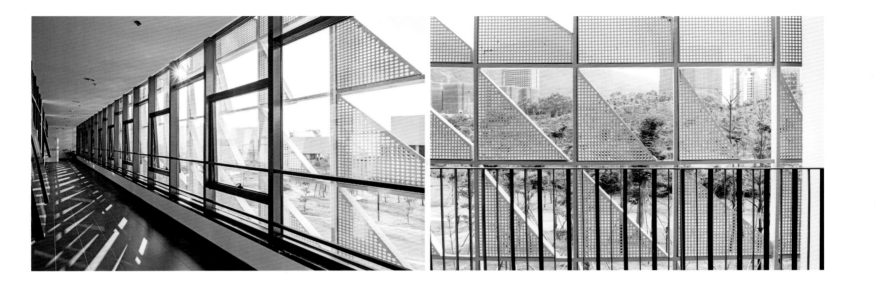

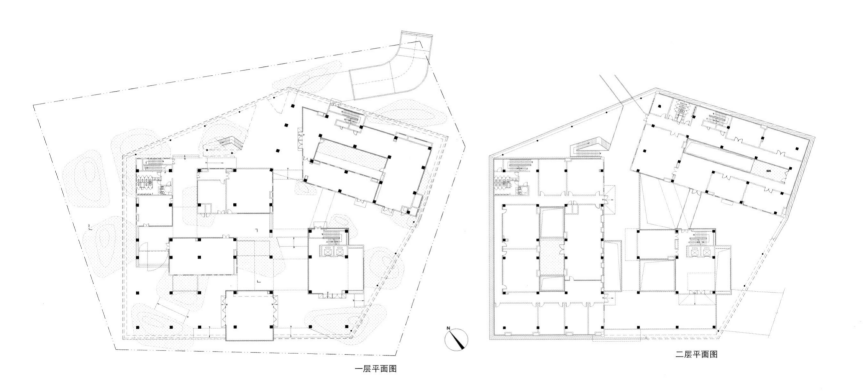

一层平面图

二层平面图

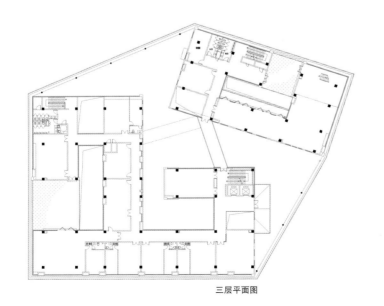

三层平面图

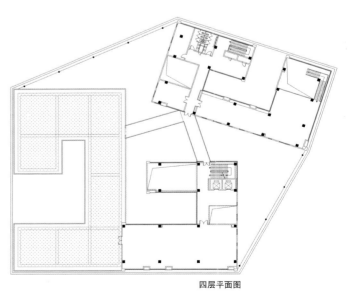

四层平面图

威斯汀博物馆酒店

　　如恩设计研究室设计的威斯汀酒店位于中国古都西安。这家酒店的设计不仅凸显了西安作为区域发展核心的重要性，而且体现出这座古城作为中华文明的摇篮的历史地位。古都西安有着3100年的悠久历史，这不仅为这栋建筑提供了令人敬畏的背景环境，而且为建筑师带来灵感，将这座古都的历史与其现状和未来联系起来。

　　来到历史悠久的西安市中心，你立刻就会注意到堡垒一般的古老城墙。威斯汀酒店的建筑设计就从这些具有厚重历史感的城墙中汲取灵感。这栋建筑充分尊重周围环境，外部材料采用深色灰泥和石材，呈现出中国本土建筑的造型。坡屋顶和挑檐极具辨识度，而其他具有传统色彩的细节则进行了简化处理，用简洁的线条体现出现代极简主义建筑的特点。外立面上的凹陷式开窗形成灵活多变的节奏和韵律，建筑共五层，

越往上每层的开窗越小，给人一种建筑越往高处越细的感觉。每个开窗四周都用鲜艳的红色线纹装饰，并且都设置成倾斜的角度，以便确保能够欣赏旁边的大雁塔。从开窗也能体现出这栋建筑的厚度——既根植于西安历史，同时也深深扎根在这片土地上。

　　整体建筑明显体现出厚重感，设计师采用了一系列带来轻盈感的元素来进行平衡。从远处能够很明显地看到，中国传统建筑中常见的那种低矮厚重的尖屋顶在这里做了更精致的处理。笨重感消失了，曲线拉直了，并且用一圈玻璃窗让屋顶与下方的建筑分离开来，看上去屋顶好像在建筑上方一层高的位置飘浮。走近这栋建筑，你会发现整栋建筑环绕在周围的倒影池中，产生一种建筑悬于无垠的天空之中的感觉。两个主入口，每一个都采用木板条遮棚，自然地固定在建筑外立

面上，阳光能够照射进室内深处，让人在建筑中走得更远。走进室内，还有美好的惊喜等着你。每部分建筑内都在中央设置了天井，作为绿化庭院，带来充足的光线。建筑师不遗余力地想把室外环境引入室内，这一点从东侧入口的大片台阶能够最明显地体现出来。这片台阶让你可以走到两层以下，来到一个宽敞的下沉花园，这里是整个项目的核心，周围布置了主要公共空间。就像西安城郊的半坡遗址或者每年吸引数百万游客的兵马俑一样，这栋建筑也倾力开发地下空间。

　　从东侧入口到中央的下沉花园的这段路程中还有一大特色是威斯汀博物馆酒店特有的，那就是一座藏有当地古老的壁画艺术品的博物馆。如恩设计研究室针对这个空间的设计理念建立在如下基本信念上：壁画艺术的特殊性决定了其展出方式应该与其他艺术形式的展出不同。作为历

史文物，这些艺术品需要有严格的湿度、光照和温度控制等条件，所以展览空间的设计就从基本的展览单元开始——悬于光洁白墙上的金属展览柜。跟整体空间简单的"白色立方体"理念不同，每个展览柜的布置方式都体现出每个柜的个性以及柜内展品的个性。展览柜安装在白色墙壁上，每件壁画作为单独的艺术品来展出，这样的处理方式更能让我们将每件作品作为一件独特的艺术品来深入欣赏。

威斯汀博物馆酒店以三大餐厅为特色，餐厅的室内空间也由如恩设计研究室设计。中式餐厅是一栋独立的建筑，位于整个项目西侧，在下沉花园的上方。这栋建筑与其他建筑物相互分离，这让建筑师能够更加自由地探索这栋建筑的整体造型。建筑师在厚重屋顶这点上充分发挥，整栋建筑表现得最突出的就是折线形屋顶，屋顶非常低，看起来几乎

就悬于地面上方。每一面都采用屋顶窗，突出于立面之外，为室内带来光线，从室内也能看到屋顶结构，不断提醒酒店住客这个独特屋顶的存在。包间餐厅位于一栋砖结构建筑内，立面上有纵向开窗，为餐厅内部带来意想不到的光线与视野，大大丰富了用餐体验。日式餐厅的理念来自日本歌舞伎戏院的舞台——演员在外围表演，围着中间的观众。这家日式餐厅也将主要的交通循环空间设置在外围，并架高，用餐者占据中间的下沉区，服务员和过路人成为舞台上的表演者。这家全天候餐厅延续了"表演"和"展览"的主题，将空间中央的用餐区和自助区也用玻璃包围起来。

如恩设计研究室在借鉴历史的基础上增加新意，让威斯汀博物馆酒店既表现了对这座古城的敬意，同时也打破了人们之前对中式建筑的固有观念。

项目地址 中国，陕西省，
西安市，曲江新区慈恩路66号
设计公司 如恩设计研究室（建筑设计+室内设计）
设计时间 2008年 – 2010年
竣工时间 2012年
业主 上海运高房地产发展有限公司
经营者 威斯汀度假酒店（喜达屋度假酒店旗下品牌）
总建筑面积 约10万平方米

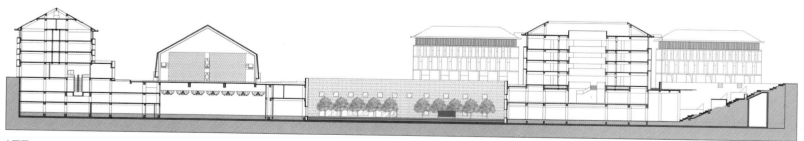

立面图

剖面图

0 4   20   40 m

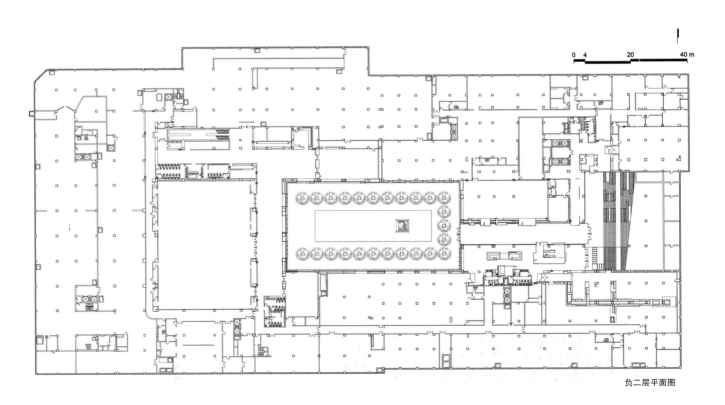

负二层平面图

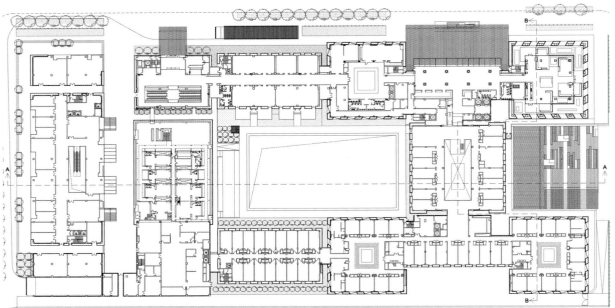

一层平面图

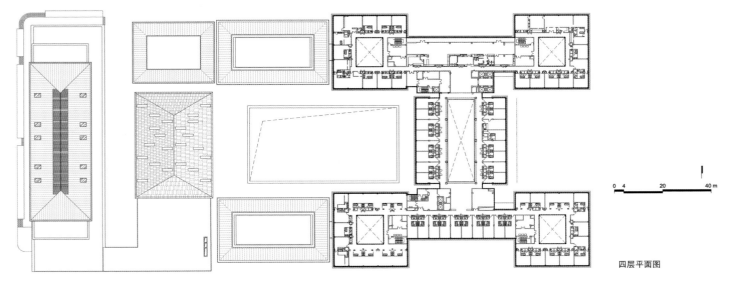

四层平面图

益新大厦

项目用地所处周边道路格局和建筑界面都比较规整，用地北面为直线型河道，一期布置沿河的板式高层，最大限度利用北面的河道景观和南面的内庭景观。而二期则规律的布置一个沿河小板式高层，4个单元体及东西向连接体与它围合成内庭。东西向架空的单体与内庭形成东西向的轴线，使建筑与城市环境有机融合在一起。在内院的这条轴线上布置景观道，并且在视线焦点放置企业标志构筑物，起到画龙点睛之用。整体环境的设计实现了与城市空间渗透，整个建筑和谐的融入环境，使整个城市空间完整而丰满。

在建筑体量的设计上，强调了办公楼的一体性，设计呈南低北高的天际轮廓线，南面布置六层，而北面则十层，既使内庭和南面的高层有较好的日照，同时又使沿北面河道布置了更多的房间。在建筑与环境的尺度安排上，遵循了由大到小，由城市到院落的层级安排。各单体围合成大的内庭，各个单体内部又有属于自己的庭院空间。构成了丰富的层次。

设计理念：

1. 平面布局打造具有地域特色，体现各种文化多元共生的建筑群落

"九宫格"是我国书法史上临帖写仿的一种界格，又叫"九方格"，相传为唐代书法家欧阳询所创制。庭院是东方传统建筑的精髓与核心，它是传统

建筑中极其动人的篇章，被人们反复吟诵，传唱至今。建筑是由可抽取的空间基本单位发展变化的产物，是像生物一样可以新陈代谢。庭院空间就是一种最常见的空间基本单位。本方案设计意在现代建筑中继承九宫格的文化和传统庭院空间的精神，从全新的尺度概念和技术条件出发，创造出适合工业化和信息化时代生活方式的有内庭的舒适宜人的办公空间。

院落化布局不仅延续了城市空间形态和文脉，同时使建筑的立面在基地上保持了强烈的延续感，增强了整体性和可识别性。围合院落的各个建筑单体之间通过交通空间和公共空间连接，使各个单体既相互联系有相互独立，既象征了各部门团结合作的企业文化，又能保证分期开发时单栋建筑的独立性和全部开发完毕后项目的整体性。

2. 立面打造具有现代感和工业技术特征的新时代企业形象

整个建筑外观简洁富有肌理，错动的窗子形成了有节奏感的韵律，玻璃与石材的质感形成鲜明的对比，建筑的立面层次和表情油然而生。光线透过玻璃形成丰富的光影效果，增加了室内的趣味性，可以减缓工作的压力，南面大面积的玻璃增加了景观视野。建筑以天然石材和玻璃幕墙为主，办公楼的玻璃幕墙采用蓝灰色的LOW-E玻

璃，有很好的节能效果，长条形的石材选用冷灰色烧毛石材，和玻璃的光洁表面产生对比效果。东西面主要以实墙面为主，充分减少东西向的能耗。东西向的实和南北的虚形成良好的虚实对比，而架空的入口处又强化了这种对比，增加了企业形象的视觉冲击力。体现工业化信息时代的企业特征和生态节能的设计思想。

3. 营造以人为本的绿色生态办公空间

现代建筑有着简洁效率的一面，也有亲切和悦的一面，对内部办公者提供高效化、信息化、智能化的办公空间，同时融入宜人、生态、愉悦的空隙时间，全面提供了包含办公、接待、会议、对外服务、信息、餐饮等复合功能的空间场所。方案最大化的引入内庭空间，并且在东部和西部都将不同的体块进行不同层数的架空，将自然风景和城市景观自然融入办公空间，模糊建筑室内外的差异，从而创造一个景观的、交流的、亲切的、共享的现代办公空间。同时这种布局还充分改善了景观与朝向，增加了南北向及景观办公空间的比例，充分体现了绿色的设计理念。一期的板式高层为南北向长向布置，既有良好的通风，同时北可观碧水，南可赏绿庭，令办公人士得到充分地放松。楼内各种服务功能配套齐全，办公空间强调灵活性分割，流线互动。注重室内办公空间和企业管理模式相适应。注重细节和品质的设计。

项目地址 中国，苏州工业园区独墅湖高等教育区，
　　　　 生物纳米科技园若水路南平西路西
设计单位 日兴设计·上海兴田建筑工程设计事务所
设计时间 2010年
完成时间 2012年
建筑面积 49834.9平方米

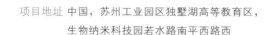

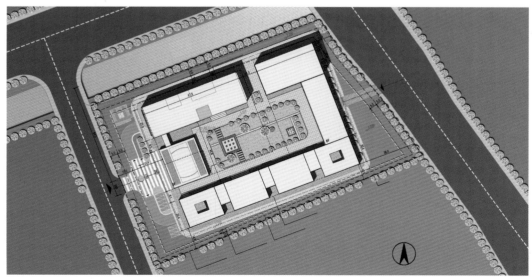

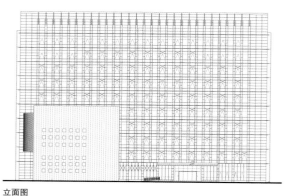

立面图

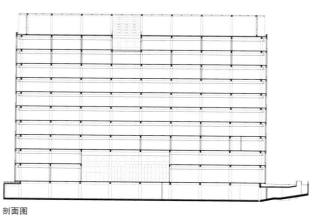

剖面图

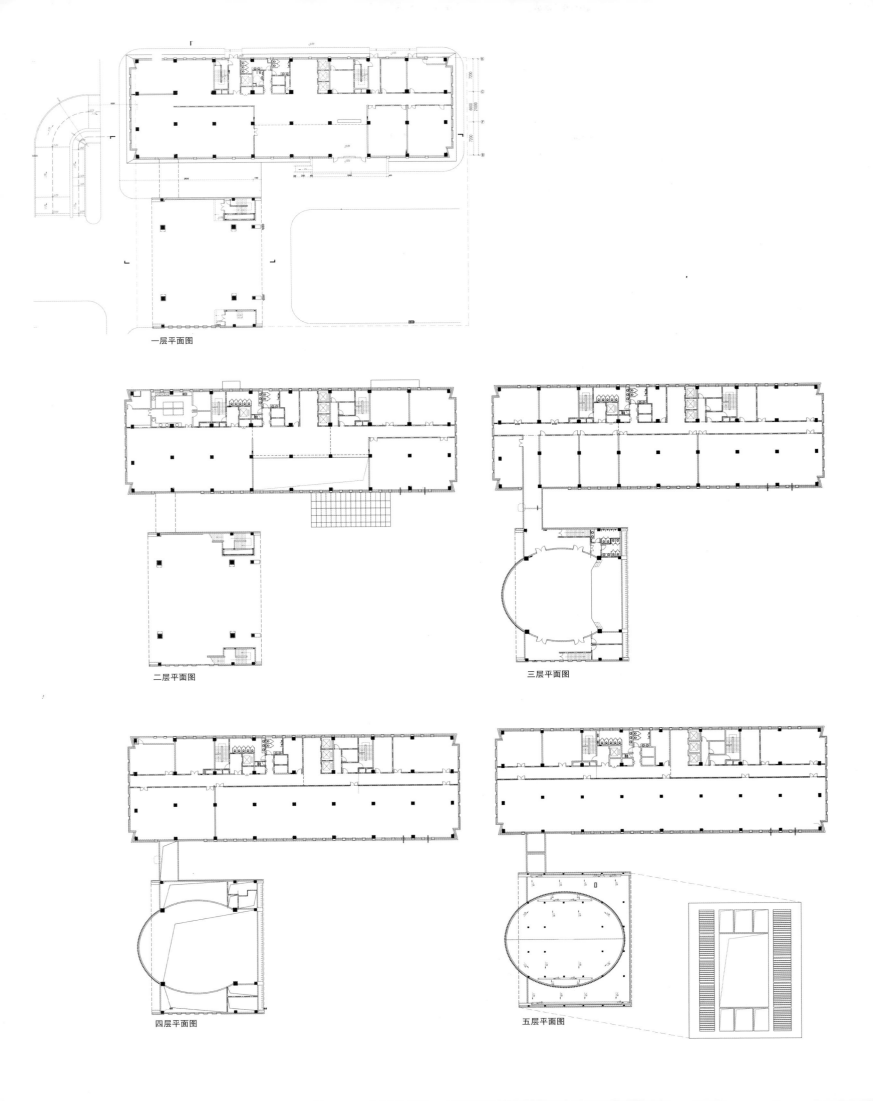

一层平面图

二层平面图

三层平面图

四层平面图

五层平面图

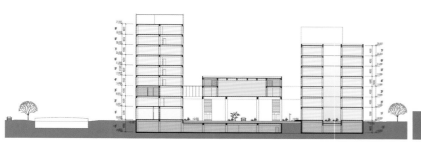

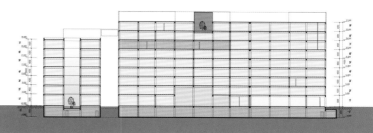

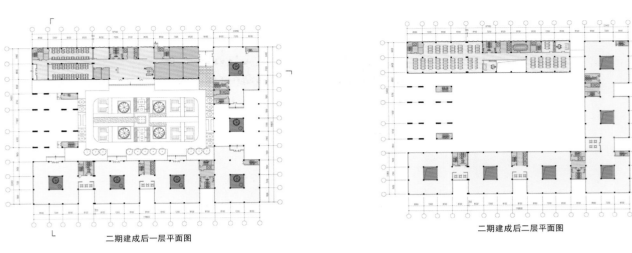

二期建成后一层平面图

二期建成后二层平面图

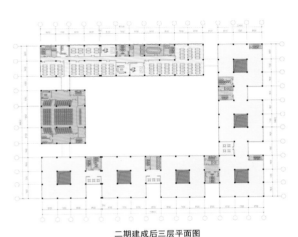

二期建成后三层平面图

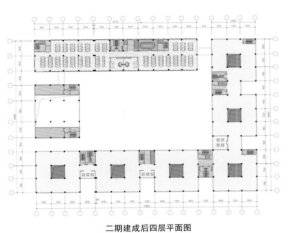

二期建成后四层平面图

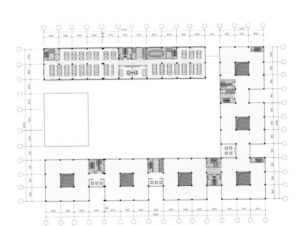

二期建成后五层平面图

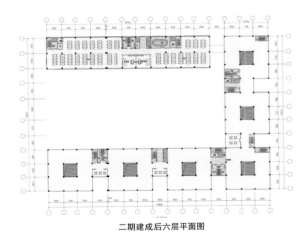

二期建成后六层平面图

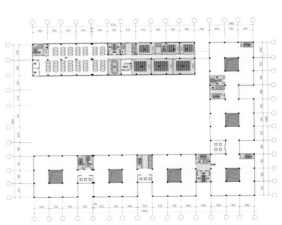

二期建成后七层平面图

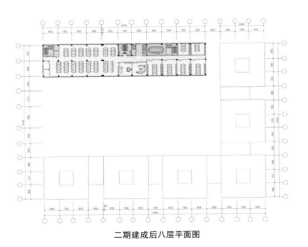

二期建成后八层平面图

"万科·橙"展示中心

2013年9月14日由三磊设计主持设计的"万科·橙"展示中心全面开放并且投入使用。

一入园区映入眼帘的便是售楼处的独特形态。随着行进角度的变换,建筑立面呈现出不同的视觉效果。

本案利用地块内配套小学的风雨操场场地,鉴于前期作为项目销售展示中心,后期改造为风雨操场的使用要求,体育场馆的空间形态成为必然的选择。以"橙"作为楼盘的主题,就意味着受众群体的年轻、阳光和活力,体现于设计上,充分表达了建筑形体的张力和爆发力。从西侧的主要人流方向看过去,一条橙色的折线从北侧墙升起至建筑檐口,在空中"狠折"两下形成了屋顶的轮廓,一直延续到南侧,又向下折至地面。橙色折板的材质为天然木皮包裹的Parklex幕墙板材,它的颜色近似于橙红,既贴合主题又亲和自然。

可持续使用也是展示中心一大特点,考虑到未来风雨操场的功能要求,用轻型钢架做二层的办公区,局部二层与主体框架衔接处采用了便于后期拆卸的特殊钢节点设计,为后续的改进创造便利。

西侧主立面使用了彩釉玻璃做竖向遮阳,每块彩釉玻璃上遍布橙色和白色相间的菱形图案,远看过去,菱形图案组成了三个橙色圆环,再次与"橙"的主题相呼应。

外部的"折"昭示着内部顶棚形态的动感。功能上以相对私密的小空间来划分完整的空间体量,剩余的具有流动性质的公共空间形成了"通高"、"镂空"的空间效果。公共空间与办公空间分别采用了白色和木色,这两种不同颜色基调的划分恰好又组成了"折面"正与反。整个建筑在内部空间和外部表皮相互统一下将"橙"的主题烘托得浪漫而多彩。

项目地址 中国,北京市,大兴区
主持建筑师 张华
设计公司 三磊设计
设计团队 范黎、谭庆军、张勇
竣工时间 2013年
业主 北京住总万科房地产开发有限公司
建筑面积 1151平方米

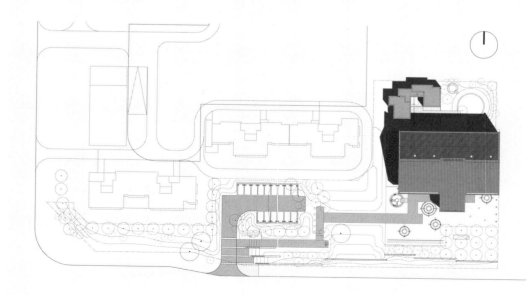

总平面图

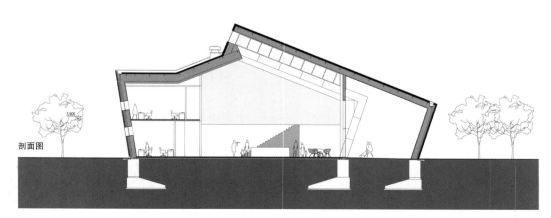

剖面图

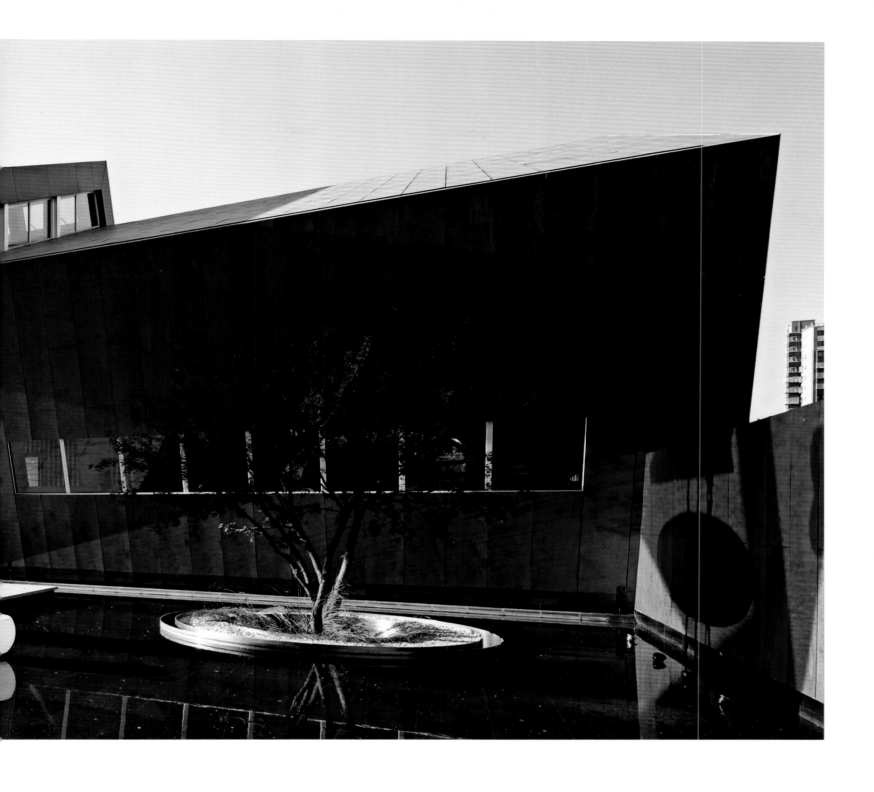

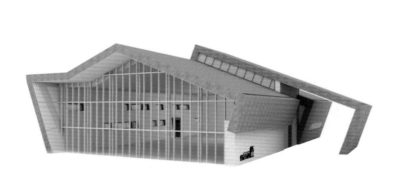

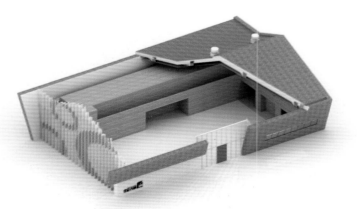

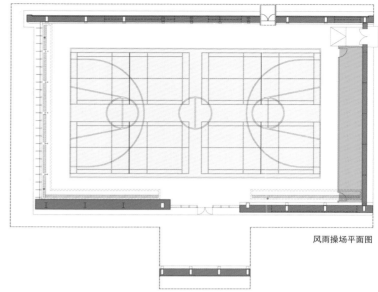

风雨操场平面图

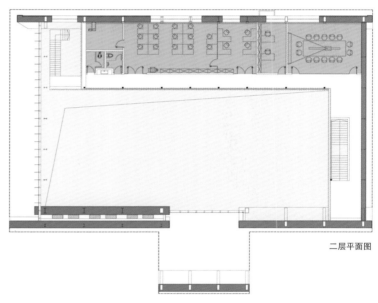

二层平面图

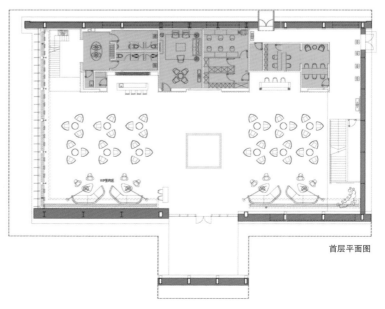

首层平面图

巨鑫国际展示中心——未来世界的窗口

项目位于一个尚在施工的建筑之中。在大片的混凝土框架和深灰色未完工石材墙面当中，飘浮着两个窗口。这两个窗口由于其内部的深邃、精确与炫目，和单调、粗糙及普通的外部建筑形成强烈的反差，令人印象深刻。

透过这两个奇特的窗口，能窥见一个"未来"的世界！

这个世界里充满了柔和均匀的光线，空间里的每一个细节都能看得清清楚楚。与周围模糊暗淡、粗糙混乱的城市环境相比，这里显得异常清晰，透亮无比。

这个世界中飘浮着很多黄色的发光盒子，它们其实只有一半是真实的，另一半是被镜面吊顶镜像出来的，上下悬空，犹如飘浮在空中一般。吊顶网格状的LED灯带强化了这种飘浮感，同时这些发光盒子与各种功能，如接待、模型展示、洽谈室等上下一一对应。这个世界看起来异常高大，比它实际的空间要高一倍，这是因为镜面吊顶反射的作用，空间大小的内外有着非常戏剧化的体验。这个世界看起来很深邃，这是因为上空黄色盒子的位置被精心调整过，相互错开并层层递进，巧妙改变了视线的灭点位置，加强了空间的进深感。

在这里，"未来"的景象进入了现实！

项目地址 中国，山西省，太原市，晋阳街
主持建筑师 何哲、James Shen（沈海恩）、臧峰
室内公司 众建筑
设计团队 杨冰、连俊钦
竣工时间 2013年
业主 太原嘉鑫
建筑面积 450平方米
主要建材 夹胶瓦楞玻璃、丝网印玻璃、
　　　　　电镀不锈钢板、石材、铝塑板
摄影师 众建筑

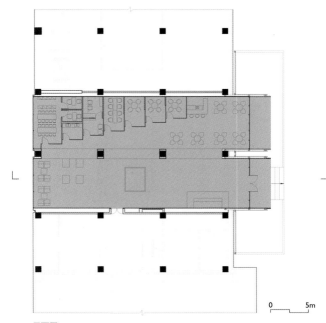

0　　5m

平面图

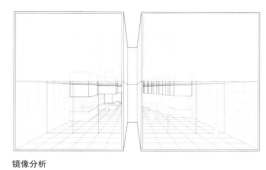

镜像分析

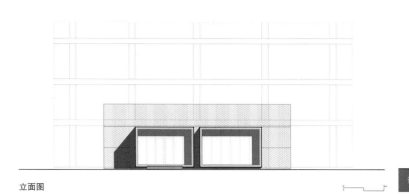

立面图

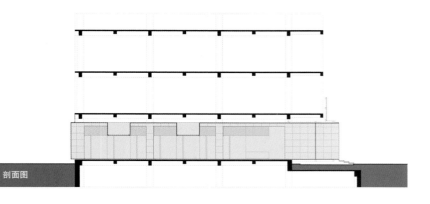

剖面图

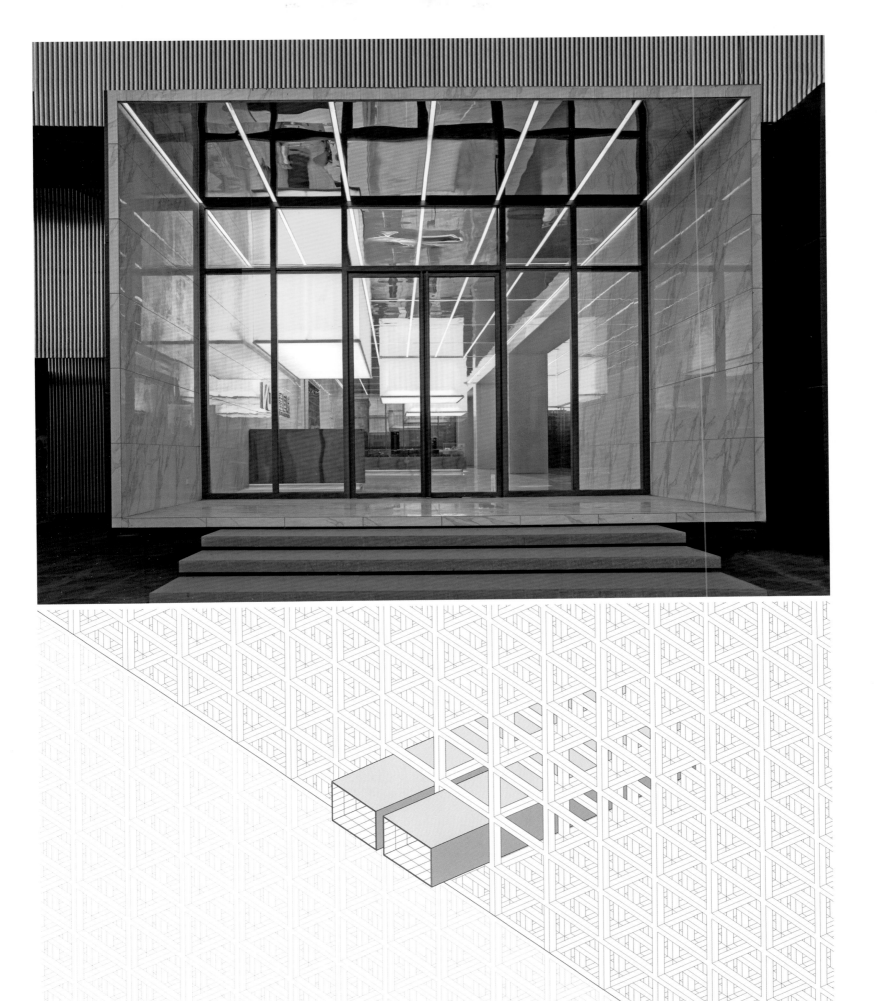

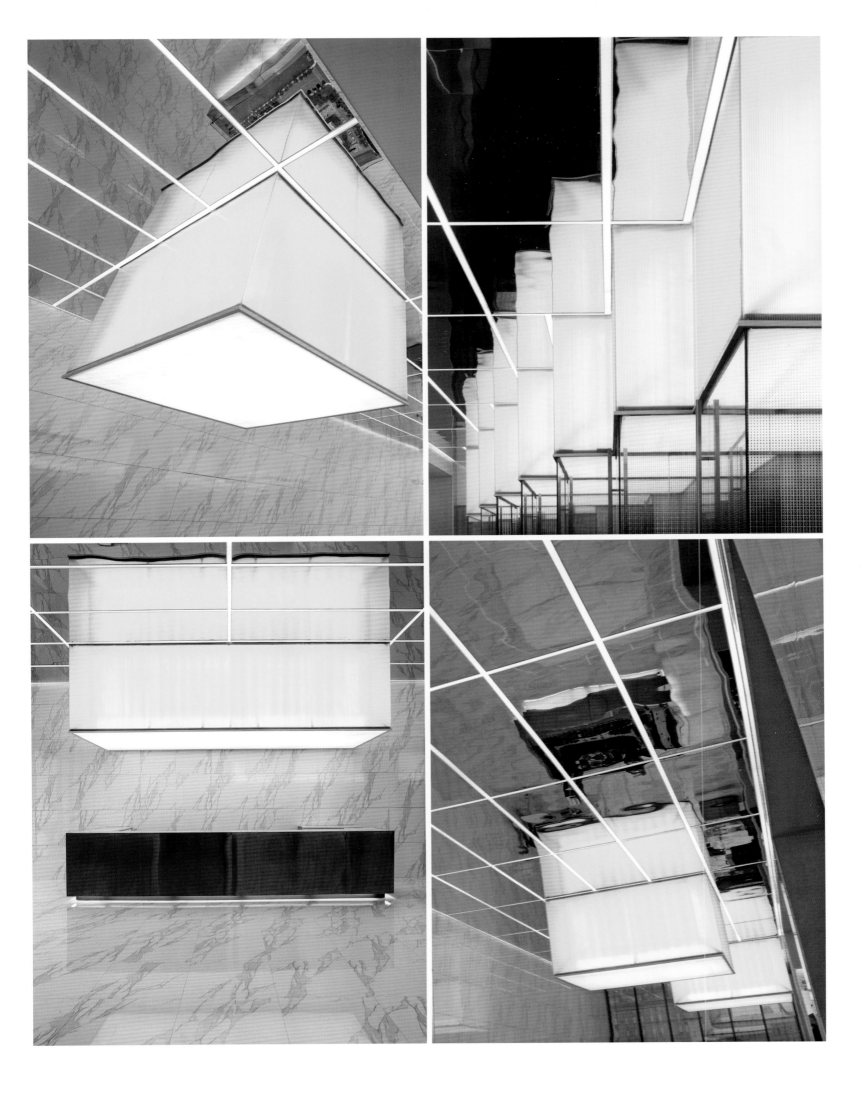

天津圆圈（远洋城D地块项目）

这所幼儿园是由自由曲线形成。并且使用了R型圆角窗，营造了一种自由欢快的气氛。三楼的每个活动室都对着阳台，孩子们跑上阳台的楼梯，可以到屋顶上玩耍。并且每个阳台的墙壁、地面、扶手都是彩色的，是这所幼儿园的特征之一。

走上正入口的大台阶，相当于在一楼屋顶处，有个很大的室外内庭。各个教室都面对着这个室外内庭，整个内庭在大多数大人的视线范围内都可以看到。孩子们一起活泼的追逐玩耍等，是个可以接触户外空气的游戏娱乐场所。就在此室外内庭下面的一楼处有个室内的内庭，它是个有各种用途的多功能室内空间。这个室内内庭有三个大小不一的圆形小院，能采到充足的自然光线。也可以在盛夏寒冬等室外气温不适合时作为游戏娱乐的地方。

各层楼的走廊天花，涂着18种各种各样的颜色还装了百叶。走在走廊上，可以从百叶的缝隙感受到颜色变化。并且，对着内庭的柱子也用18种颜色涂饰，孩子们可以根据颜色来认识地方。

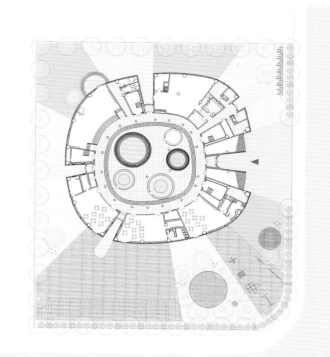

一层平面图

项目地址 中国，天津市

设计单位 SAKO

设计时间 2009年6月 – 2011年3月

施工时间 2011年4月 – 2012年7月

完成时间 2012年7月

用地面积 5193平方米

基地面积 1774平方米

建筑面积 4308平方米

建筑层数 地上3层

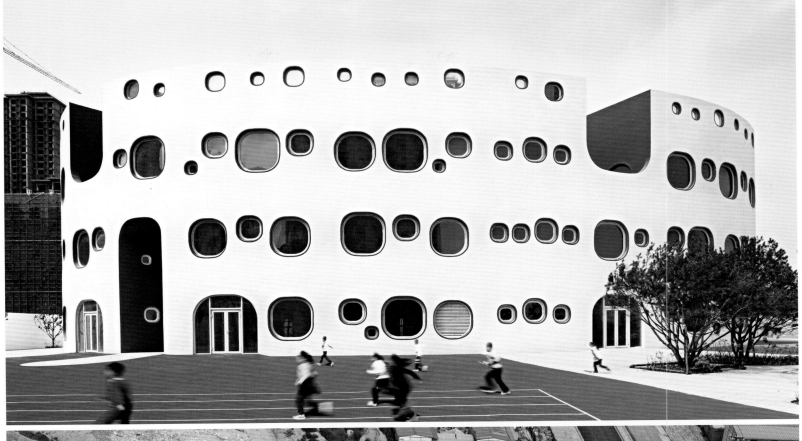

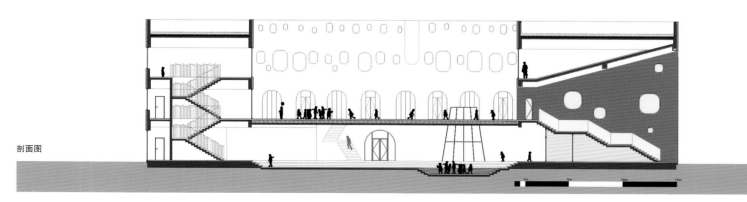

剖面图

重庆棕榈岛——在水一方

棕榈岛项目位于重庆北部高新园区，是重庆棕榈泉地产携手HASSELL一起打造出的重庆商业建筑最新地标。HASSELL同时负责设计棕榈岛的建筑和景观。棕榈岛建筑和景观在设计上注入了水的元素，将水和光影与建筑融成一体。从远处看，棕榈岛建筑就像浮岛一般漂浮在湖面上，格外别致亮眼。

由五栋建筑体组成的棕榈岛围绕着湖水呈八字形，与一大一小的两个湖面构成了一幅美丽的风景。放眼望去，湖面上的倒影与建筑本身不断交错，相映成趣。这一视觉特点也让湖面上的倒影与阳光的折射变成棕榈岛最丰富的建筑特色。

棕榈岛分为六个独立餐厅，这六个餐厅布置成独立的五个建筑体，全部沿两个湖泊而建。建筑与人造水景形成了"水的庭院"，使得各个餐厅一面享有自然的水景，另一面则可享有人造水景形成的私密庭院空间。从餐厅内望向湖面的视线全无遮挡，并且通过打造无边界水池的做法将人工水景与自然湖面在视线上连成一体。人造水景与建筑布局的概念均反映了重庆两江交汇的城市特色，继承了水系联系城市的概念，以水面包围建筑，形成了"房子水中漂"的建筑形象。

棕榈岛拥有非常独一无二的外立面，棕榈岛五栋建筑体均为水晶般的玻璃体，在建筑主体之外，还另外覆盖了一层粗细不同且错落有致的白色陶管。这外立面的设计是专为棕榈岛建筑定制的。别致的陶管与湖水相呼应而产生出的韵律感，让这五栋建筑仿佛自水中沐浴而出。此外，陶管在镜面上产生反射，白天在日光下产生丰富多变的光影效果，夜间更是晶莹剔透，让人似乎置身梦境。

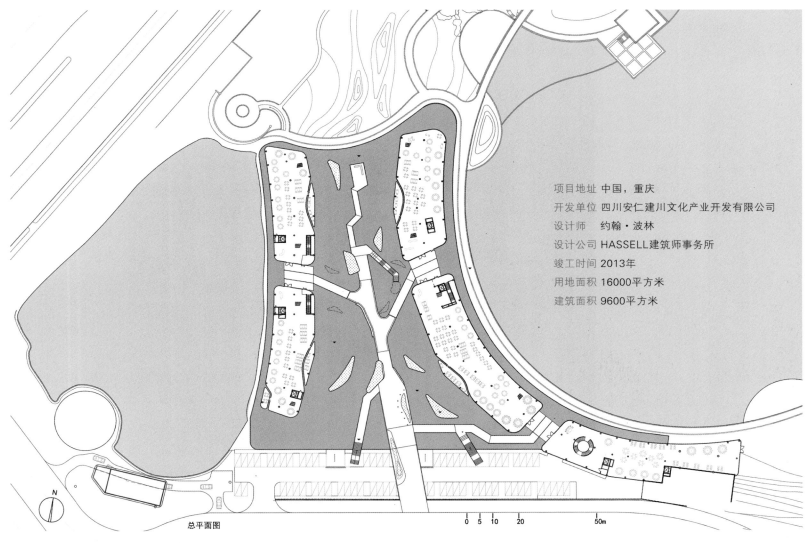

项目地址 中国，重庆
开发单位 四川安仁建川文化产业开发有限公司
设计师 约翰·波林
设计公司 HASSELL建筑师事务所
竣工时间 2013年
用地面积 16000平方米
建筑面积 9600平方米

总平面图

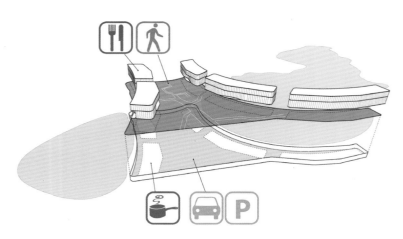

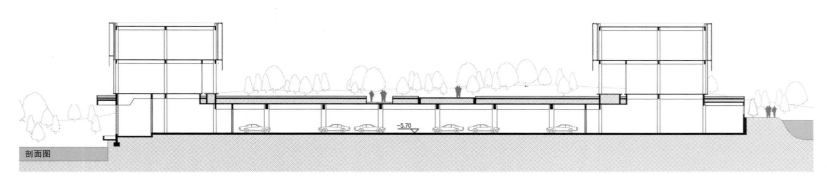

剖面图

地下平面图

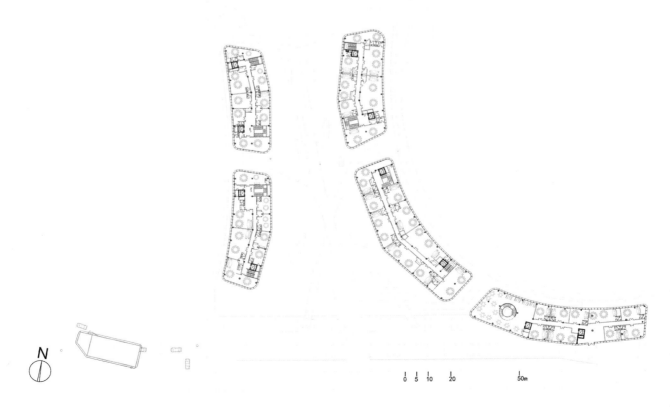

二层平面图

昆山康盛周庄旅游度假综合体——水月周庄

基地位于周庄古镇北侧，北临全旺路、秀海路，南接急水江与周庄古镇隔江相望。本项目是整个项目53万多平方米用地中的商业部分，总建筑面积约1万平方米。一期建设为其中的售楼处和办公楼。

水月周庄一期项目包括水上俱乐部一（即售楼处），钢结构，局部两层，建筑面积约950平方米。水上俱乐部二（即办公楼和一层对外餐厅），钢筋混凝土框架结构，三层，建筑面积约1800平米。

由水而生的空间布局

水乡的水体呈线性形态，边界多为硬质。建筑沿水单排双向布置，并有内向合院居于其中。空间节奏上宽窄有致，收放自如。

在设计中体现传统建筑空间——街、巷、廊、桥、院……强调以旅游为导向的商业空间体验。

由水而生的空间尺度

周庄是以小巧精致著称的水乡，街道空间以恢弘精致出众。街道空间宽高比(D:H)1.3为最适宜且可用作商业街道空间的尺度。在设计中主要街道和建筑的空间尺度的控制既尊重传统水乡的尺度，同时也满足现代商业行为的需求。

由水而生的居民活动

在传统的水乡格局中，人们傍水而居，衍生出商业、居住、出行、观赏等一系列行为。在设计中结合水景组织各种商业活动——餐饮、演艺、手工艺品展示，使商业行为饶有趣味。

传统空间的现代转化

建筑风格体现江南地域特色的现代中式，营造既开放也各自独立的、既现代也有传统韵味的商业空间。

1. 建筑·庭院·水

对空间层次与尺度的把握，建筑与水的关系的处理，无边际人工水面和自然湖面的一体融合。

2. 借景·障景·框景

通过借景、障景和框景等传统江南园林营造手法的运用，增加空间的层次，延长人们的视距，达到小中见大和空间的趣味性。

3. 模糊的边界

通过透空的砖墙和自主研发的"离瓦"（瓦型百叶）的运用，模糊边界营造了江南园林的空间氛围。

4. 作为空间表达的细部设计

售楼处和办公楼均临水而建，为了达到轻盈和通透的建筑风格，在施工图设计阶段对建筑的檐口、开窗和外墙的尺寸、节点大样做了局部模型进行了反复地推敲和设计。同时为了和建筑的风格一致，售楼处的室内楼梯也力求做到轻盈、简洁，在施工图设计阶段和结构工程师一起反复推敲各构件的尺寸及细部做法。达到了室内外统一的设计风格。

5. 新型建材的自主研发

"离瓦"可作为外墙百叶使用，具有通风、隔热、遮阳作用，外形具有中国江南名居小青瓦的传统意象；采用现代工业标准化生产的工艺，可单元拼装，且安装拆卸方便，适用范围广泛。

单元式"离瓦"采用2毫米厚的氟碳喷涂铝板，经切割、提拉、冲压、一体成型制成，通过横向和纵向的构件和配件加以固定和连接。

总平面图

项目地址 中国，江苏省，苏州市，周庄镇

主持建筑师 钱强

设计公司 UDG联创国际设计集团

设计团队 李小健、冯海花、李晨成、毕翼飞、棚濑 嘉二、森田 敏之、陈宏兵、崔阳、张颖杰

总图 杨涵

结构 吴霞、王锐

给排水 宋世阳

电气 温祥杰、王呈祥

暖通 杨毅昕、张倩玮

设计时间 2011年 – 2012年

竣工时间 2013年5月

规划用地 53.3万平方米

建筑面积 一期 950平方米，二期 1800平方米

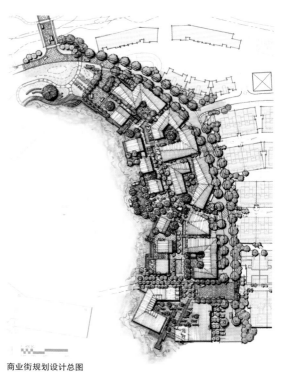

商业街规划设计总图

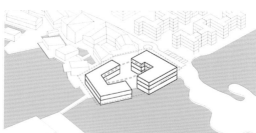

步骤一：两建筑围合出内部庭院，形成一个组团

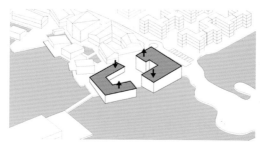

步骤二：更改屋顶坡度和趋势

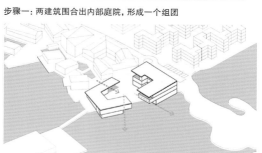

步骤三：临湖侧底层建筑收缩，增加向湖面的敞开度，使视野更开阔，增加观景平台，分别朝向商业街和湖面与商业街末端呼应，引入人流

步骤四：设计景观，将水景向内部庭院引入，增加亲水平台

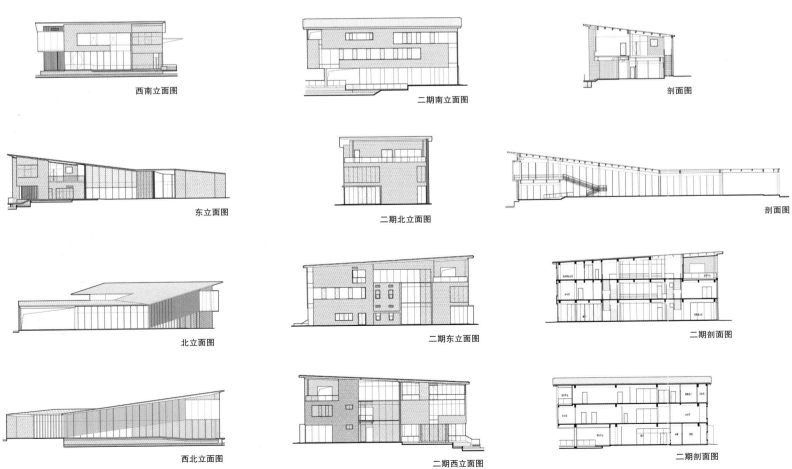

西南立面图

二期南立面图

剖面图

东立面图

二期北立面图

剖面图

北立面图

二期东立面图

二期剖面图

西北立面图

二期西立面图

二期剖面图

建筑、庭院与水的关系示意图

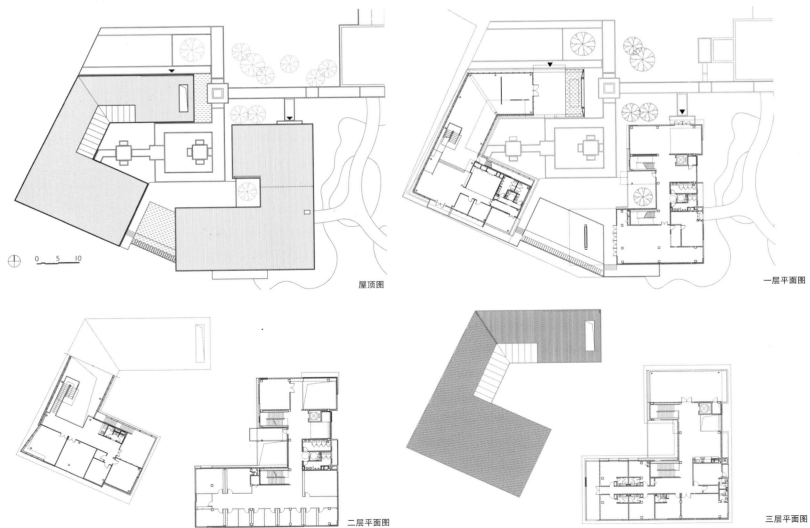

0 5 10

屋顶图

一层平面图

二层平面图

三层平面图

张斌、周蔚

远香湖公园叠翠山庄餐厅

　　叠翠山庄是一个可以容纳大型中餐设施的景观餐饮会所，坐落于远香湖区中心最大岛屿西侧的一块背靠人造小山丘的临水坡地上，东北面利用山丘和密林隔绝了相邻的城市干道的干扰，从而形成了面湖一侧的幽静环境。由于场地和建筑尺度都较大，为了呈现给湖对岸嘉定新城中心区一个优良的景观天际线，我们的基本策略是将建筑体量化整为零，并与地形紧密结合。由滨湖方向看过来，由于所有的底层部分都嵌入山体，建筑仿佛生长在自然地貌之中，山坡之上只露出两个漂浮的轻盈小阁。

　　所有厨房、机房和设备天井等后勤设施全部埋在山丘之下，后山挡土墙下配有沿路展开的带有混凝土挑檐的停车场。这一策略的核心是探讨场地上人的活动领域和水的关系。虽然建筑并不直接临水，但是使用者的身体体验始终离不开如何感受水与场地的关系这一主题。我们利用场地中建筑与景观的穿插互动，塑造了远近、高低、开合不同的亲水感受，并将对于湖面的体验带入整个场地的洄游路径之中。

　　在原来简单隆起的山丘西麓再造了一条布满开花植物的谷地，山谷中间是可以穿越整个场地的蜿蜒分岔的小径，南北两端与公园的舒缓地形自然相接。而建筑被分为大小不一的四组体量利用对景关系分布于山谷两侧。其中两组最大的体量都在山谷东侧嵌入山体面湖展开，各带有一个凌驾于坡地之上的高低错落的阁楼，它们之间自然形成一个被山坡覆盖的半开敞门厅。

　　山谷中段门厅之前朝向西侧的湖面留出了一个从里到外逐次收小的开口，两侧护坡的反透视效果拉近了刻意收小的湖面视野与场地内部的距离。这一开口里的楔形低地里满布荷塘，中间凌波穿过一条分岔的栈道，从湖面方向将人引入门厅，或引向入口边的登山小径。

　　门厅入口也是一个外小内大的楔形空间，两道毛石墙限定了幽暗门厅内隔着荷塘看到湖面的外向视野。门厅两侧分别是大宴会厅和小包房区，它们面湖一侧都是遮挡了正面视野的山谷西面的护坡，只能在两侧透过山谷的空隙看到一点湖面。门厅内有台阶引向山顶，可再通过步道及楼梯到达两个阁楼内的大包房。阁楼外侧有敞廊环绕，可以俯瞰远香湖全景。

项目地址 中国，上海市，嘉定区嘉定新城远香湖周边

主持建筑师 张斌、周蔚/致正建筑工作室

设计团队 李莹、李沁、金燕琳、王佳绮、曾鹏

合作单位 现代华盖建筑设计有限公司

施工单位 华升建设集团有限公司

设计时间 2009年-2011年

竣工时间 2012年

业主 上海市嘉定新城发展有限公司

基地面积 16762平方米

建筑面积 2627平方米

建筑层数 1-2层

结构 钢筋混凝土框架结构，局部钢结构

主要建材 衬砌虎皮石墙，水性氟碳涂装小木模清水混凝土，
不锈钢编织网，镜面不锈钢板、平板玻璃，烤漆铝板及铝型
材，型钢，室外防腐木地板

工程造价 1840万元

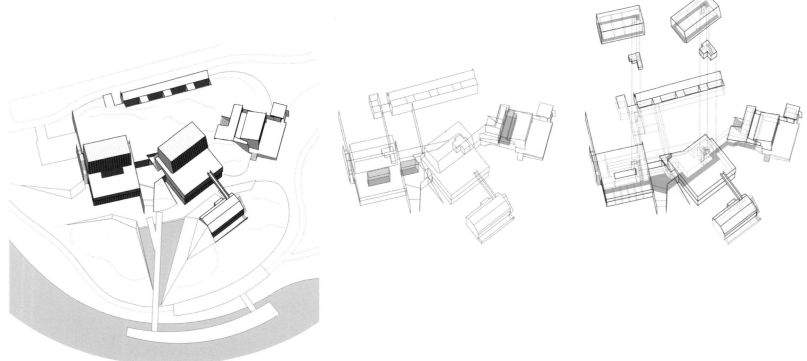

离湖最近的一个小体量掩蔽在正对宴会厅的山谷西侧，是一个略微下沉的大包房，里面可以站立着看到被抬高的平缓湖面。登上它的屋顶是一个绝好的近看湖面的平台，并通过天桥跨过山谷与宴会厅的屋顶花园及山顶步道相通。步道折向南穿过逐步面湖抬高的山坡中的一个下行的台阶门洞就是山谷东南口的另一个独立的大包房。这个包房前后有景，后方是山顶下来接着的一个植有两株大树的回廊内庭院，前方是配有四株大树和一个附属茶亭的半坡上的观景平台，正对西南方的大片湿地，取"平湖秋月"之意。

"如果只想材料问题，就永远达不到灵感。但某种材料特性可能给建筑带来新的可能性，比如改变结构方式，带来新的身体感受，建立某种文化关系，改变建筑的物理性能。"

餐厅采取钢筋混凝土框架结构，局部钢结构。构造及材料措施也与建筑的整体策略一致，嵌入山体的底层体量的露出部分都是和挡土墙一致的衬砌的虎皮毛石墙，配有面向景观的大面积落地玻璃窗。而两个山坡上的钢结构阁楼的内部是镜面不锈钢和落地玻璃窗，回廊外罩有钢龙骨支撑的不锈钢编织网，营造了通透、反射、朦胧的环境氛围。

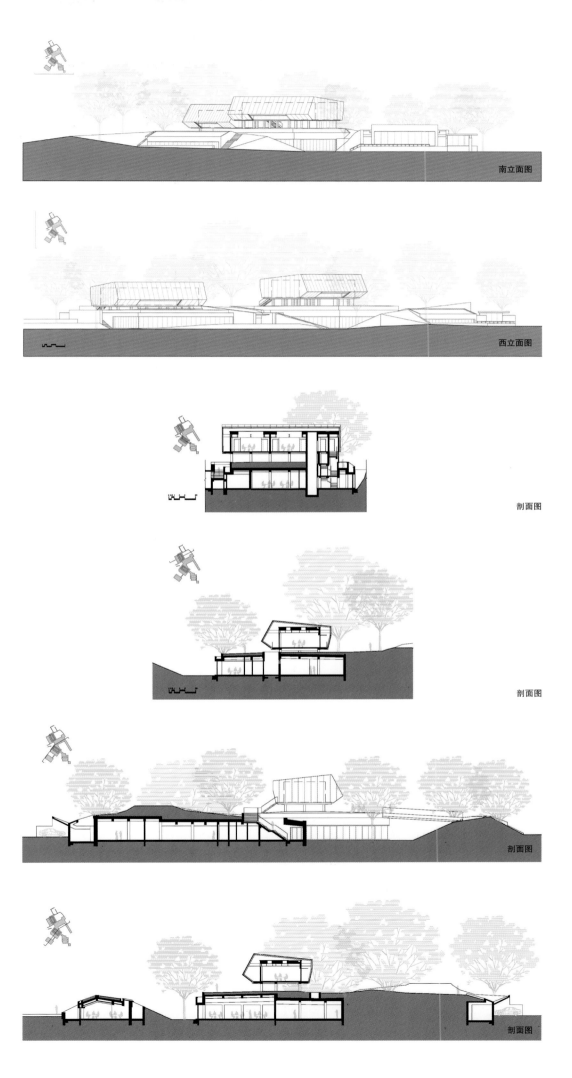

南立面图

西立面图

剖面图

剖面图

剖面图

剖面图

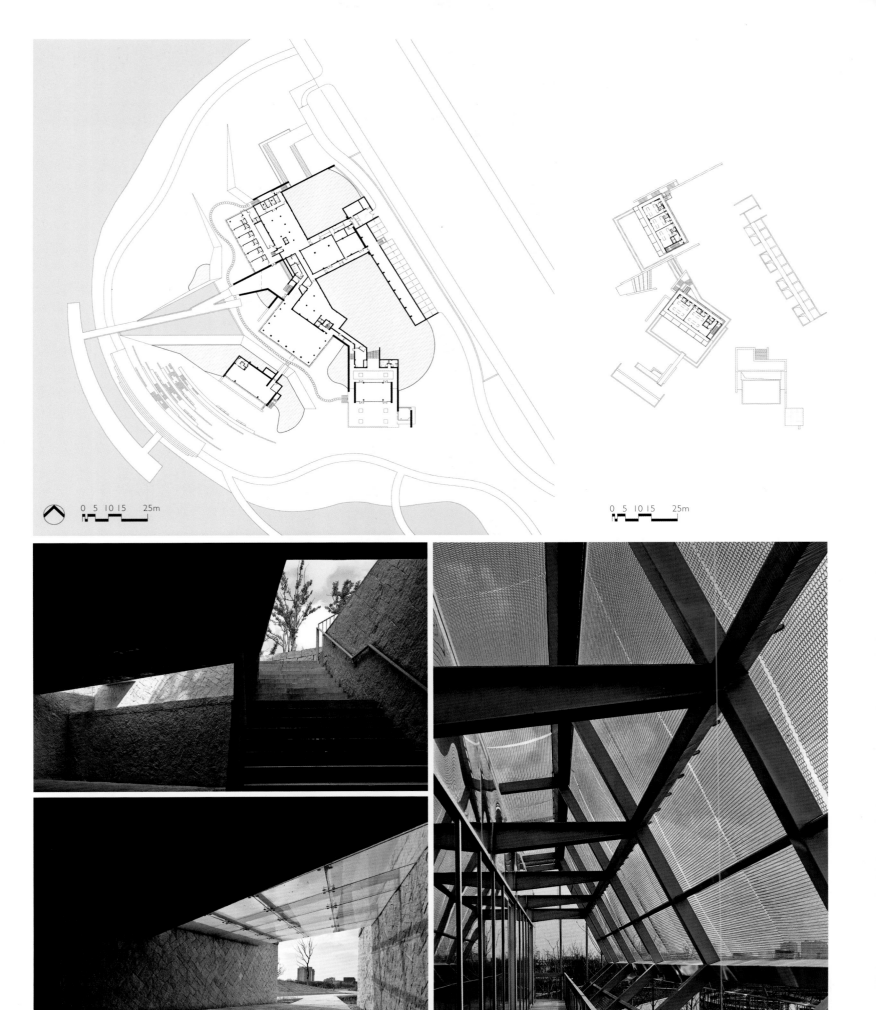

0 5 10 15   25m

0 5 10 15   25m

南京市鼓楼医院——每个人的花园

鼓楼医院南扩项目位于南京市中心地区，基地面积为37900平方米，总建筑面积达260000平方米，是集住院、门诊、急诊、医技、学术交流等综合性医院扩建项目。2013年，该项目获得世界建筑新闻（WAN）的医学类建筑设计奖，是该门类中唯一的中国获奖者。

项目的设计理念来自于中国传统文化中对医院一词的解释，在英语中，hospital一词来自拉丁文，最初意思是召集客人，而在中文中，"医院"就是医疗的院落。本方案的设计核心是将医院花园化，获取无处不在的花园。在中国传统文化中，花园是外部世界与家的界限，走进了花园也就隔绝了外部世界的烦扰，身心便得以放松。将医院花园化，不仅具有感官上的美感，更重要的是带给人心灵的抚慰。

在本项目中，花园渗透到了建筑的每个细部。设计者将传统意义上的花园解构为细小的单位，编织成建筑的表皮肌理，外立面成为了花园的载体。

镶嵌在外立面的植物与地面的各主题庭院连缀为一个巨大的花园系统，整个系统立体而丰满，使得花园无处不在并触手可及。

设计者认为医院是介于现世和彼世间的连接点，生命的起点与终点在医院相遇。鼓楼医院前身是1892年传教士建立的教会医院，在本方案中，设计者试图回归这个传统，让医院如教堂一般，成为人与上帝沟通的场所。因此，鼓楼医院的设计追求简洁而纯净，大量庭院和日光井的采用以及层叠通透的花园立面保证了充足的自然光照，给人宁静安详的抚爱，处处充盈着教堂般的诗意。

在节能方面，建筑外立面采用乳白色的磨砂玻璃，解决室内采光问题的同时将阳光过滤得更为柔和。此外，针对南京地区夏季闷热的气候特点，立面设置了侧向的通风，有效带走表皮积热，大幅降低了能耗，让建筑更好地服务于人。

项目地址 中国，江苏省，南京市，中山北路
主持建筑师 张万桑
设计团队 Rolf Demmler、Dirk Weiblen、
　　　　　Bjorn Anderson、Dagma Nicker、
　　　　　崔晓康、冒玉
合作设计 南京市建筑设计研究院
医疗专业 Daniel Pauli
机构咨询 吕西林
幕墙咨询 Andreas Scheiwiller
设计时间 2004年 – 2008年
建造时间 2006年 – 2013年
竣工时间 2013年
业主 南京市鼓楼医院
项目规模 230000平方米
造价 10亿元人民币
获奖信息 国际竞赛一等奖

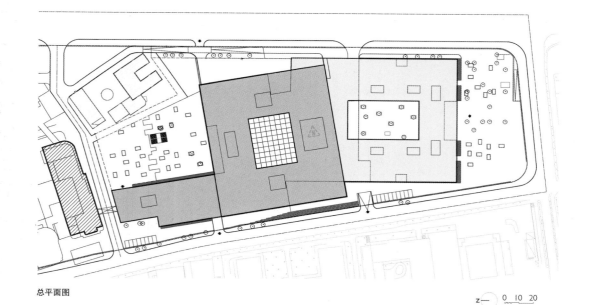

总平面图

z—　0　10　20

夏强、陈尚辉/摄影

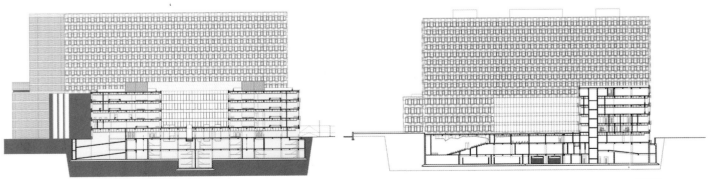

剖面图

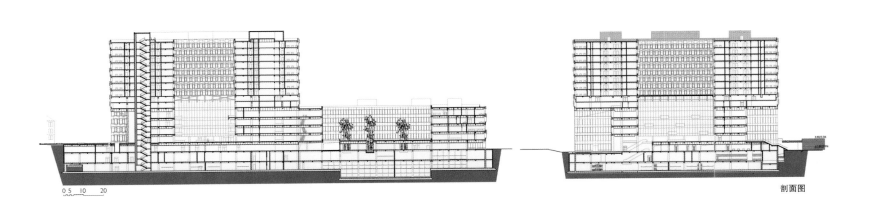

0 5 10   20

剖面图

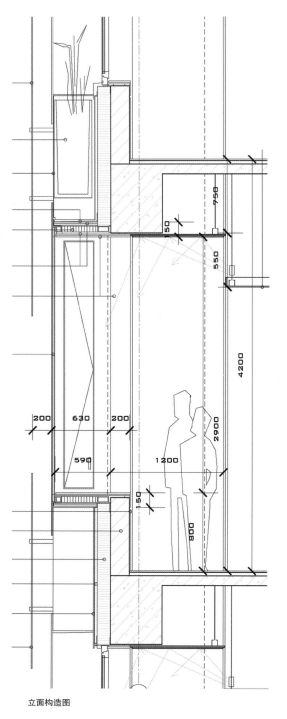

立面构造图

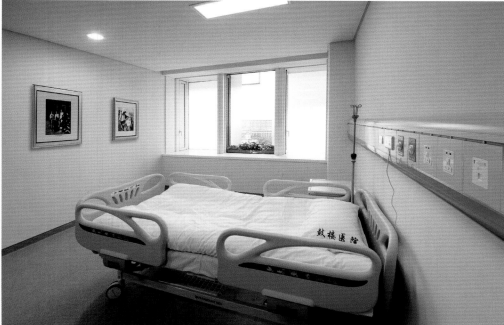

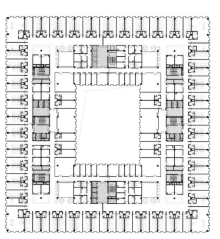

标准层病房平面图

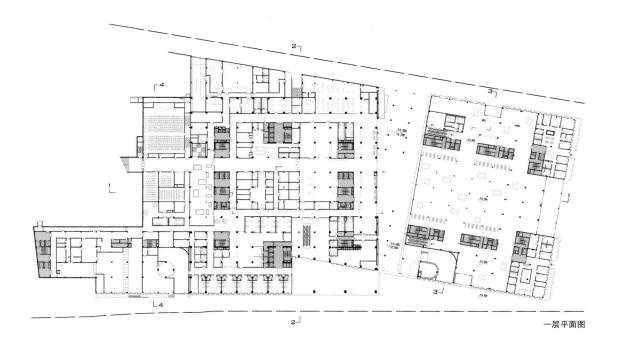

一层平面图

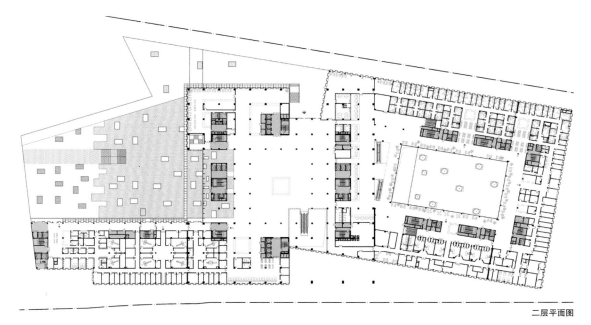

二层平面图

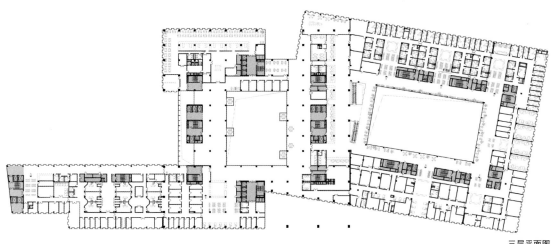

三层平面图

苏州工业园区普惠广场

普惠商业广场是苏州工业园区一座规模较大的社区商业中心，在这个项目中我们尝试在商业空间与公共空间之间寻找一个双赢的结合点：公共空间为商业空间带来人气资源；而商业空间则通过场所、活动和时间使公共活动得到支持和强化。

建筑最大的特征是其核心部分的退台花园系统，通过中心广场、下沉庭院和屋顶退台复合花园等的一系列立体化、景观化公共空间的营造，商业中心的氛围得到增强，商业流线的可达性和趣味体验得以优化，并且逐层退台的剖面形式符合商业空间的价值分布规律。同时，退台花园的景观资源也促进了商业空间价值竖向分布的均好性。普惠商业广场案例是从概念到建筑的完整呈现，体现了我们所主张的通过商业空间和消费动力来促进城市公共空间营造的理想。

项目地址 中国，江苏省，苏州市，
　　　　 工业园区普惠路1089号
设计公司 九城都市建筑设计有限公司
设计团队 于雷、沈启明、沈旭、于建、郭兴、
　　　　 刘兰珣、张琦、朱欢欢、陈云高
委托人　 苏州市工业园区华园东方置业有限公司
设计时间 2009年
竣工时间 2012年
建筑面积 51229平方米

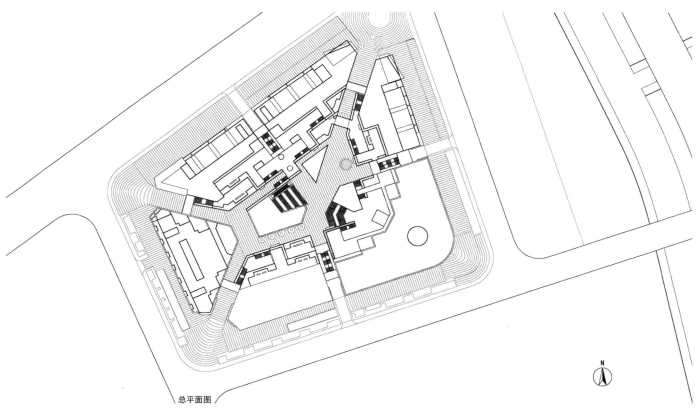

总平面图

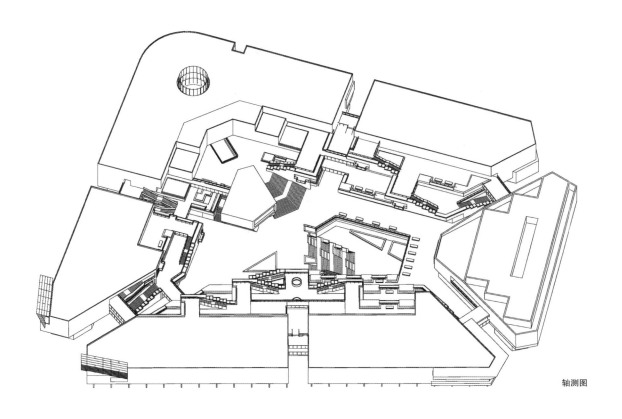

轴测图

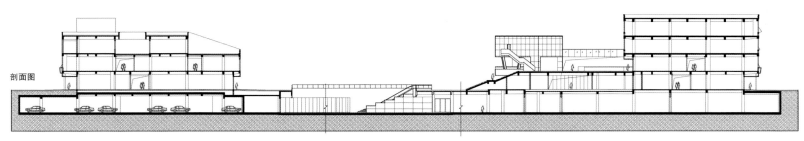

剖面图

成都来福士广场——切开的泡沫块

微观城市策略——城市综合体中的大型公共广场设计

该项目位于成都市一环路与人民南路交口处，"切开的泡沫块"形成了具有多种混合功能的大型公共广场。建筑师的微观城市策略将创造一个公共空间的新平台，其规模与洛克菲勒中心的城市平台相近。这个新城市平台是由石阶、坡道、水池以及阶梯式喷泉组成，咖啡馆旁设置有树木、植被和长凳，屋顶花园通过各自的连结通道可到达酒店咖啡厅。建筑中心处的大型公共空间包含有3个池塘，其灵感来自唐代伟大诗人杜甫（713~770）的一句诗句"三峡楼台淹日月"。广场上的池塘又以中国的时间理念为创作灵感——分别具有象征中国农历年、12个月份和30天的喷泉，同时这三个池塘还是下面6层购物中心的天窗。

建筑造型符合建筑的自然光线标准

这座占地约278700平方米的几何体，以建筑规范中对周边建筑最小日照值要求为依据，经精确几何日照角度计算切割而成。白色混凝土的框架上的对角支撑结构能够在地震中起保护作用，同时切片部分为玻璃材质。

绿色节能

商铺门脸将由亮色、霓虹灯以及背部打光的色块组成，犹如安德列·塔可夫斯基（Andrei Tarkovsky）黑白电影中那突然呈现的一抹亮色。成都来福士广场着重于创造新型城市公共空间并符合成都绿化建筑新标准。本项目将由400个地热井进行冷热调节。裙房屋顶上的大型水池收集雨水并循环利用于草坪浇灌，而池中的百合花可以起到对裙房降温的作用。

LEED

由于建筑师采用了多种可持续性设计手法，所以该建筑获得了由美国绿色建筑委员会颁发的LEED黄金认证。

交通

该建筑与成都的交通网络相连，不使用私人交通工具人们也可以来到此处。该项目直接与地铁1号线相连，同时在400多米的半径范围内拥有12条公交线路。

水资源效率

通过收集雨水并再利用于景观灌溉和池塘喷泉，污水回收并再利用于厕所用水和低流量的管道设备等，消耗水量减少了43%。

能源效率

办公室、零售区和地下室采用深468.90米的深井地热技术，再与水蓄冷技术、日光感应控制系统、二氧化碳检测系统、高效的室内照明设施和高性能的建筑外墙设计相结合，使得整体节能20%，最大限度的节省了空间加热（68%）和冷却（29%）所需的能量。

总平面图

LOCATION PLAN

项目地址 中国，四川省，成都市
设计师　斯蒂文·霍尔建筑事务所
完成时间 2012年
业主　　凯德置地（中国）投资
占地面积 17500平方米
建筑面积 310000平方米

伊万·博安，舒赫，斯蒂文·霍尔建筑事务所/摄影

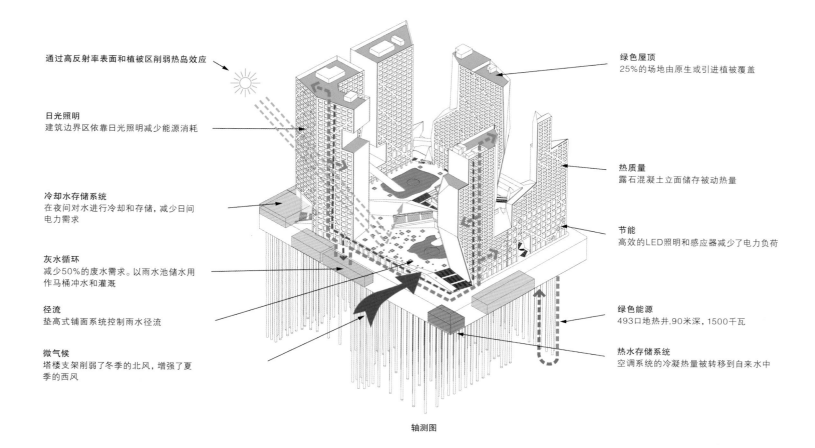

通过高反射率表面和植被区削弱热岛效应

日光照明
建筑边界区依靠日光照明减少能源消耗

冷却水存储系统
在夜间对水进行冷却和存储,减少日间
电力需求

灰水循环
减少50%的废水需求。以雨水池储水用
作马桶冲水和灌溉

径流
垫高式铺面系统控制雨水径流

微气候
塔楼支架削弱了冬季的北风,增强了夏
季的西风

绿色屋顶
25%的场地由原生或引进植被覆盖

热质量
露石混凝土立面储存被动热量

节能
高效的LED照明和感应器减少了电力负荷

绿色能源
493口地热井,90米深,1500千瓦

热水存储系统
空调系统的冷凝热量被转移到自来水中

轴测图

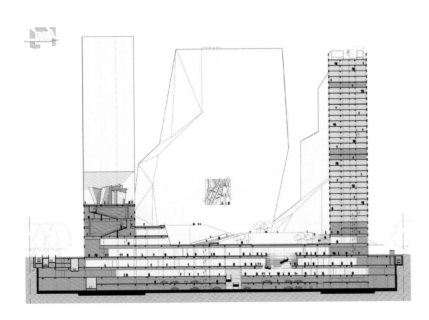
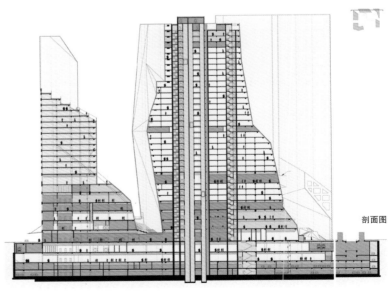

剖面图

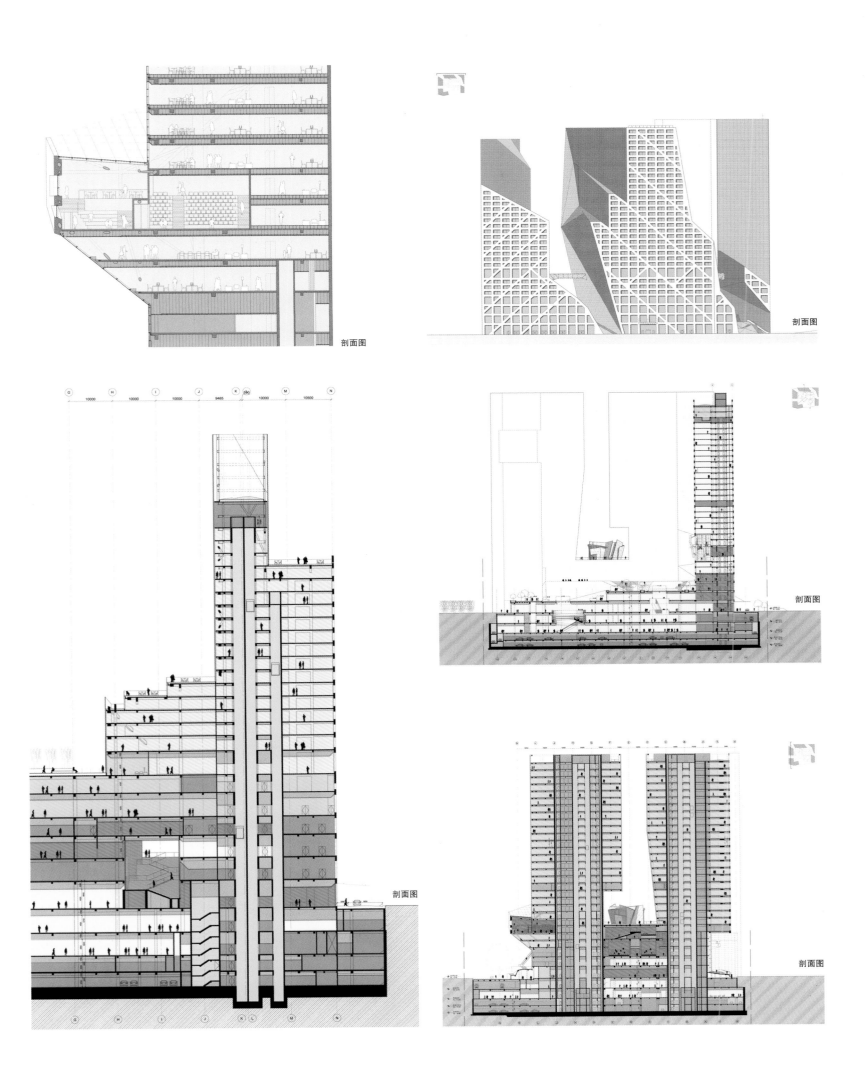

剖面图

剖面图

剖面图

剖面图

剖面图

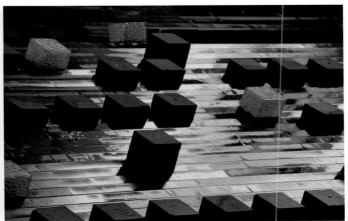

1

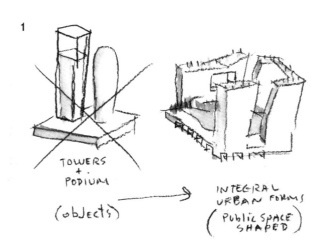

TOWERS
+
PODIUM

(objects)

→

INTEGRAL
URBAN FORMS
(PUBLIC SPACE
SHAPED)

2

MONOLITHIC
INWARD FOCUS

URBAN
POROSITY

3

MICROURBANISM:
● DOUBLE FRONTED SHOPS
● MULTIPLE CORES
● SUSPENDED-INJECTED FUNCTIONS

4

SUPER GREEN ARCHITECTURE

SOLAR
FACADES

GREEN
ROOFS →

RECYCLED
WATER

GEO THERMAL
WELLS FOR
COOLING &
HEATING

5

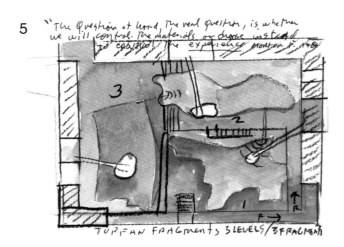

"The Question at hand, The real question, is whether
we will control. The materials or choose instead
to control. The experience" Morton F. 748

TURFAN FRAGMENTS 3 LEVELS/3 FRAGMENT

6

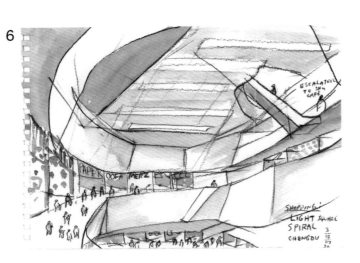

ESCALATOR
TO 2ND CAFÉ

SHOPPING
LIGHT SQUARE
SPIRAL
CHENGDU
3
10
07
3

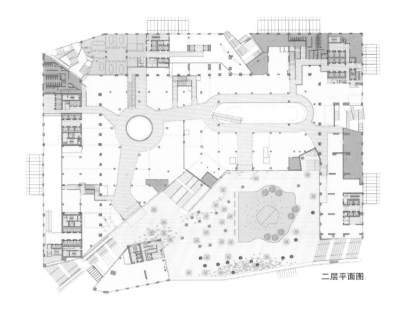

二层平面图

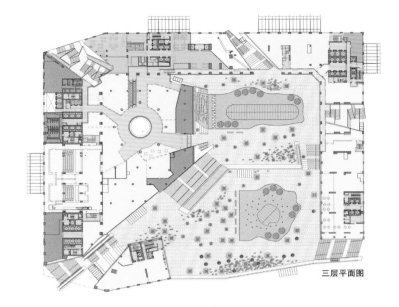

三层平面图

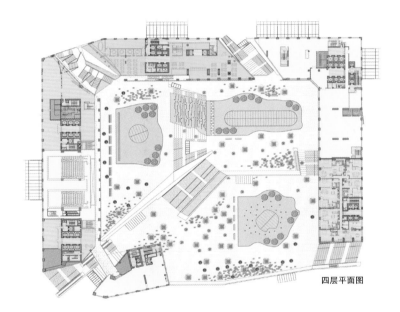

四层平面图

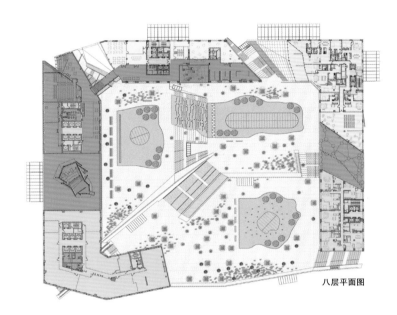

八层平面图

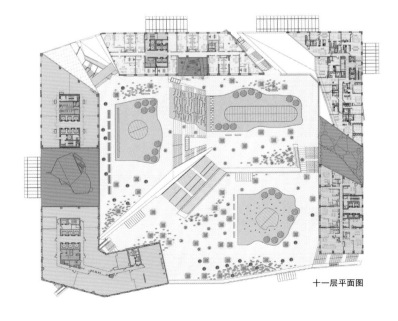

十一层平面图

紫禁城红墙茶室

概述

太庙茶室位于紫禁城东南角，这里曾是明清两代皇帝祭奠祖先的地方。墙内是原来皇家的圣地，墙外则是北京古城的基本背景肌理——老百姓居住的胡同。不知从哪个年代开始，这段东围墙截止到了这里，在墙东外侧的地下排水涵沟上盖起了泵房、库房和临时宿舍，遮蔽住了这段宫墙的末端，墙内也成了劳动人民自由出入休闲息憩的地方。通过对宫墙内外景观肌理的重新梳理，我们掀掉了遮蔽宫墙的屋盖，将周边的景观以院落的形式介入到建筑中来，造就了建筑中的院落，同时也是院落中的建筑。我们希望以轻松的方式，接续起一座连接传统与现代、边界与空间、宏伟与质朴、神圣与世俗、隐蔽与开放、严肃与荒谬之间交流的桥梁，以引发人们重新思考空间、景观与设计在我们这个时代真正有意义的价值所在。

项目说明

城市犹如一个巨大的有机体，除了功能建筑和公共空间外，在各个重要的功能场所之间还存在着非常丰富的边界、间隙和缓冲地带，它们是城市文化中容易发生变化的部分。一方面，它们有可能衰落、颓败而无人问津，甚至成为危险的符号；另一方面，它们也有可能借由偶然的机会而悄然生发、欣欣向荣。

紫禁城作为曾经的封建皇权的象征，一直与周边的胡同民居有着清晰的边界和明确的隔离，高耸、宽厚、坚固的宫墙直观的表达了这样的态度。然而随着封建王朝的覆灭，原有的清晰整肃的旧秩序被打破了、消解了，原先的皇家禁地变成了博物馆、公园，人民可以自由的出入。胡同的蔓延、临时搭建的库房及保安宿舍侵占了原来宫墙边廓畅通的空间，城市空间的这个局部变得纠结、模糊、混在一起了。

设计最大的挑战来自于场地狭窄和封闭性。如何在狭小的空间中满足业主多样性的需求，并清晰的规划出与宫墙内外复杂环境的呼应，包括临界的胡同里的常住居民的日照采光和视觉景观等客观需求。大家既要相安无事、互不干扰，又要互通有无、共享独特的景观环境，同时不破坏历史遗迹的完整性。我们坚决避免在这里出现国内旧区改造中流行的那种制造假古董、混淆历史的庸俗作法，也没走中庸讨巧的竹帘画扇式的传统茶室式的装饰主义，更不想在历史遗迹上乱搞奇形怪状的所谓现代风。我们希望的是创造一种平和、质朴的空间呈现，追求厚重历史下怡然的生活常态，怀着清晰的自省去发现那些可以会心一笑的小惊喜。

这个项目的新功能是要在宫墙的邻边设置一处幽静的内部办公场所，主人可以在这里接待宾客，用品茶、赏画、禅思等轻松内敛的方式增进沟通、筹划事业。七个尺度大小不同的空间（从3平方米到20平方米），层层叠嵌在院落和园林中，内外形状、围合方式和构成材质各不相同，家具以及照明形式也与之相适应，给一个闭塞颓败的场所引入了鲜活的外部景观，也成为新场景的一部分。

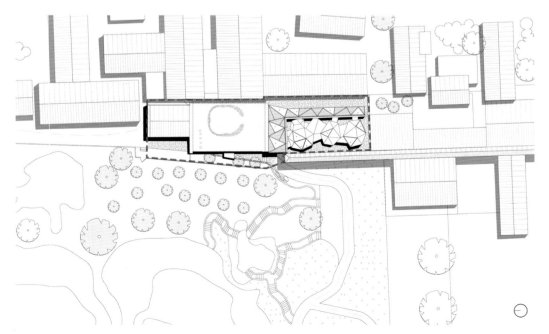

项目地址 中国，北京，紫禁城内太庙
主持建筑师 张弘、张赫天
设计团队 张诚、潘弘彬、连晨、刘子玥、
　　　　安鹏浩、孙际华、经杰、韩晓伟
竣工时间 2014年
建筑面积 280平方米
建材供应 大庄、汇丽、华丽联合等

王祎、陈溯、张赫天/摄影

景观作为媒介，把分离的两个区域，以及皇家园林、宫墙、毗邻胡同和茶室的单元空间有机的整合到一起。从内部空间与外部空间的转换，到室内与庭院的混淆，进而将历史和现代隔空交流，景观最大限度的调动起了人们的感官功能。在此狭窄的范围内，看似随意的空间留白，反而更加能够引导人们去探寻深邃丰富的空间体验，引发静谧安详的悠远冥思。我们希望景观在这里可以真正做到以少胜多。

在这个项目中我们使用了很多种材质，这是一次有趣的探索和尝试，也是对现今流行的所谓"极简风格"开了一个小小的玩笑。这里既有自然材质（如石材、竹材、木材等），也有半人工材质（如金属热轧钢板、不锈钢板、黄铜与青铜和黏土砖），还有合成材质（如玻璃、亚克力管、阳光板、盲沟、水泥复合板等），其实我们还借用了宫墙的深沉的红赫色涂料和墙脊上灿烂的明黄的琉璃瓦，以及胡同卷棚顶的灰瓦和院墙斑驳的杂色。我们尝试去发掘这些材料的陌生的用法，探讨如何让它们出现在陌生的地方，如何能在同一场景中幻化出别致而多样的感受，就像我们突然面对这些有着几百年历史的宫墙一样，仿佛是第一次认识它们，并且是在如此多元背景的当代重新认识它们。

历史是客观存在的事实，却因主观的理解而变得千差万别。我们在这里想做的是尽量回归历史的本来面目。我们并不是在这里做考古式的保护，也不想把黄瓦高墙封闭起来成为私有领地，我们只是希望还原作为宫城边界的在这个具体空间里的特殊性格。稍稍的脱离、轻轻的对置，给予一个重新观看、思考历史的视角和机会，从历史与空间的断裂处探索城市与社会未来发展的可能性。这是我们设计所依据的非常现实的出发点。

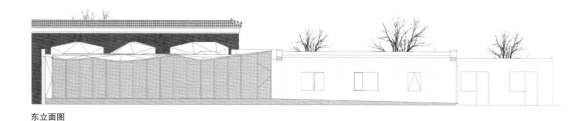

东立面图

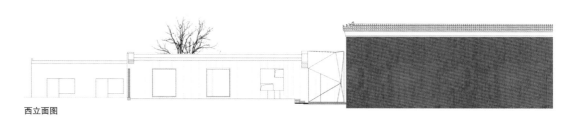

西立面图

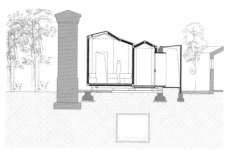

东西剖面图

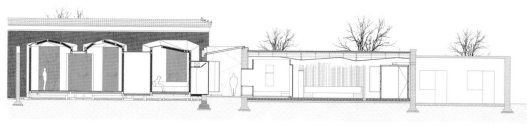

南北剖面图

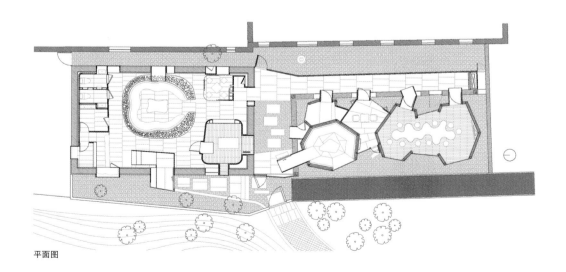

平面图

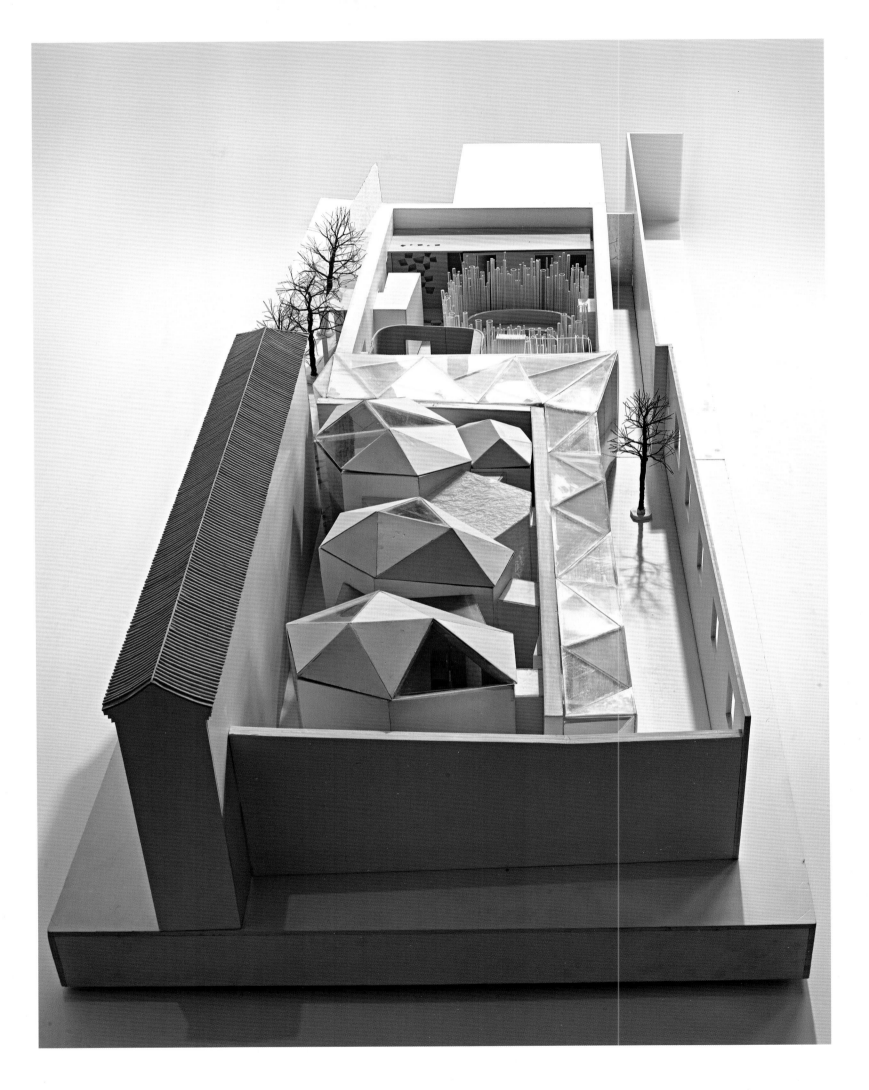

陈家山公园"十里闻香楼"茶会所

菊园新区是上海嘉定老城北边的一个社区。与嘉定其他区域（如安亭镇或嘉定新城）相比，属于比较安静、发展也比较慢的地方。由于附近地铁站的开通，与上海市中心的交通连结方便许多，周围地区也开始有了新的发展能量。

本案位于菊园新区内刚落成的陈家山公园里，原建筑是公园内已有的一栋配套用房，但建成后一直未投入使用。借此当地政府希望通过新的设计理念和经营模式，重新营造一个更符合未来本地消费人群的建筑空间，以带动公园的人气并提供周边居民未来的餐饮休闲设施。

设计前期原本仅仅考虑室内改建，但经过与业主方在项目定位的探讨，决定用更综合的建筑、景观、室内设计手段提高空间的品质和项目的可识别性。设计理念以"环保、时尚、茶文化"为出发点，通过对局部空间和体量上的调整和改造，让原本比较开敞但缺乏叙事性的空间有了新的层次感和丰富性。原本封闭的几个庭院被重新赋予视觉穿透性和新的景观绿化，形成了协调周围公园景观和建筑内部功能的过渡和延伸空间。

在靠近西侧原有的一层露台上，设计师加建了一个异型悬挑空间。这个体量除了能够满足室内包房的需要外，更提供了公园游客在接近此建筑时所能感受到的空间张力和视觉印象。最后，透过增加一系列安装于建筑物西、南面的镀铜镂空金属外遮阳板，并以茶叶的形式做为遮阳板的图像构成，来达成一个节能、诗意和代表茶文化的休闲会所。

室内改造延续了外立面的"茶"元素，以茶叶夹胶玻璃、青瓦、镀铜金属片等材料做为隔断、灯具等室内构筑。但是在建设的后期阶段，由于运营方的介入，室内方案未能得到很好的落实，与建筑外观所体现的氛围反差较大，这也是设

Jeremy San/摄影

计师在处理委托方和运营方之间的差异时感到比较遗憾的主要方面。

在外墙深化设计启动前，业主同时委托设计师以同样的风格对公园的入口大门进行设计，并且要在非常短的时间内先行建成此处。

这个公园大门为设计师提供了在材料、节点和镂空纹路的尝试机会，有如在会所施工前做1:1 mock-up（实体大样）的机会，这在一定程度上成为了该会所深化设计的参考和施工依据，这也是设计此项目过程中的一份意外收获。

本案的初衷是为了激活上海市郊一座典型的住宅区，并由当地行政领导所启动的改造项目。在筹划过程中，地方领导对建筑师的设计体现了充分的尊重，并且把设计任务延展至公园的入口大门。

而在某种程度上，这个项目其实也反映了当代中国城市化进程面临的一些困境——如何让一个新区建设从"房地产"建设走入"社区"建设？如何协调行政领导意图和市场运营的实际情况？以及建筑师在自身权限所及的条件下，如何体现建筑设计的价值？

项目地址 中国，上海市，嘉定区
设计团队 刘宇扬、陈君榜、JIMMY POEK、
　　　　 梁永健、赵刚（刘宇扬建筑事务所）
结构顾问 刘涛
幕墙顾问 凯腾幕墙设计公司
灯光顾问 Unolai Design
设计时间 2010年
竣工时间 2011年

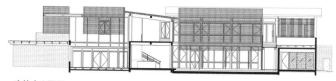

建筑南立面图

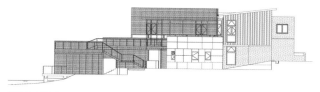

整体东立面图

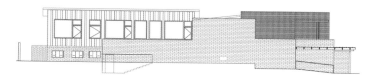

整体北立面图

建筑东立面图

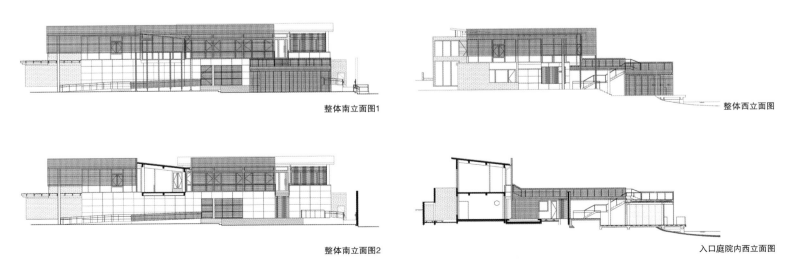

整体南立面图1

整体西立面图

整体南立面图2

入口庭院内西立面图

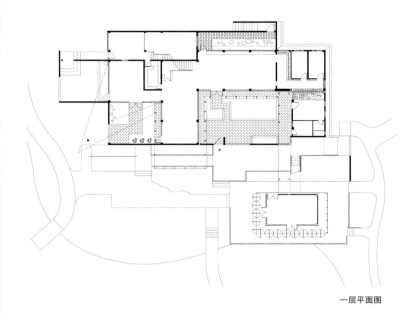

一层平面图

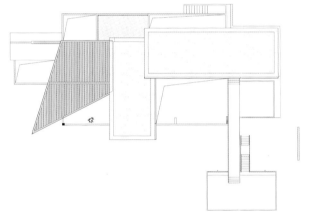

二层平面图

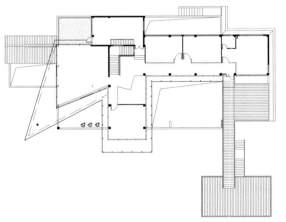

三层平面图

开心麻花办公总部

这个案例是新华印刷厂改建项目的一个环节，项目占据了地势显赫的两栋老厂房。使用方是著名的"开心麻花"舞台话剧音乐剧制作团队。改造后的场所一方面作为"西城原创音乐剧基地"，一方面也是麻花团队的办公总部，同时这里还设置了一个可容纳350余人的小剧场。

原厂房为建于20世纪50年代的砖混结构建筑，其外观为高大素朴的红砖墙面，老厂房室内顶部拥有巨大的钢木组合桁架，其结点细致，造型精美，具有非凡高超的建筑工艺水平。

设计师在保留了老建筑的主体结构和高大的空间格局的同时，在两栋厂房中间加建了一处钢结构建筑将老库房二者相连，形成整栋建筑的核心枢纽和共享空间。加建建筑内部为一洁白的二层吹拔大堂，作为售票、等候、新剧发布和聚会等多功能活动场所。这座新建筑采用同厂房相同的尖顶造型，最高处高度与两侧厂房顶部保持一致，但其外形更加挺拔通透，两侧高大的锈蚀耐候钢板组成的竖向韵律墙体造型烘托出神秘而优雅的艺术氛围，这里人们通过中间的连桥穿过

水面便可进入大堂室内，整个路径极具一种飘然神秘的仪式感和演艺氛围。

南侧厂房后半部分为"开心麻花"的私密办公空间，前半部分为外部音乐家艺术家们前来交流洽谈的公共区域，设计师们在这里设计了一座廊桥横跨空中，将前厅和交流区域虚隔划分，而主要的洽谈空间都是围绕着一棵巨大的榕树展开的，这里阳光从天窗洒下，照射在巨大的榕树上，私密安详，趣味盎然；树荫下草坪上设置了三处纸板材料构筑的半开放洽谈空间，半圆的弧形隔板可自由滑动围合，围绕着大树人们能够以多种形式自由组合进行艺术交流；在厂房的其他区域，我们延续钢木结合桁架的形式和色彩搭建了二层夹层，有效地利用了厂房的内部空间。改建后的老厂房内部，既保留了原有的精美构件和建筑肌理，又平添了充满活力的生态感受和建立了层次丰富的空间秩序，营造出一种围合节奏，封闭中见开放，开放中见变化，楼上望楼下，洞口望洞口。

整栋北侧厂房被设计成为一座小剧场，这里不仅有大小排练演播厅，马道、监控室、化妆间等也一

应俱全，小剧场最多可容纳350人，座位全部可伸缩收纳在一起，收起座位后剧场可变成为一座大型多功能厅，可满足各色商业活动及文化交流活动。

剧场空间与办公音乐交流空间相互连接，共同构成了室内趣味多变而又统一延续的环境组合，这种环境是需要体验和玩味的趣味容器，其本身也演绎成一场随时随地上演的生活工作场景剧，这正是设计给予这个音乐话剧创作空间的独特印象和魅力所在。

项目地址 中国，北京市，西城区，
　　　　车公庄大街4号，
　　　　新华1949文化设计创意园区
主持建筑师 罗劲、张晓亮
设计公司 北京艾迪尔建筑装饰工程有限公司
竣工时间 2012年
建筑面积 2500平方米

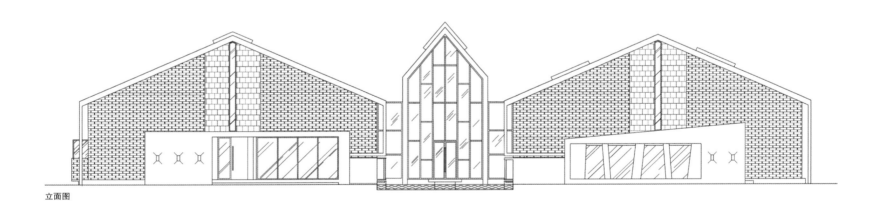

立面图

剖面图

西城原创音乐剧基地

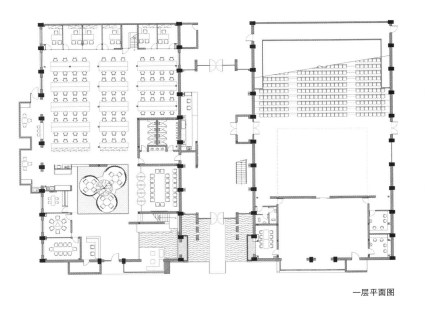

一层平面图

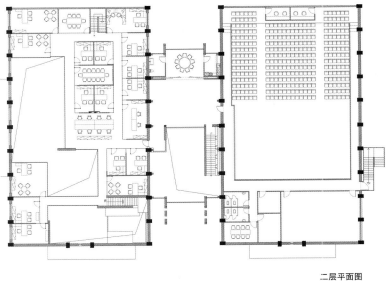

二层平面图

财富天地广场

项目用地为旧水泥厂厂区，开发为鞋业商贸广场。通过对原水泥厂高架运输带及历史保护建筑的保留，延续了原有的城市肌理和历史记忆，营造出一条贯穿整个地块的"原生态历史轴线"，东起历史文化广场，西至增埗河，将历史人文景观与自然景观连接在一起。同时，西侧中心广场通过规划路与住宅区相连，形成第二条横向轴线。

建筑设计遵循"清晰、简洁、高效、灵活"的商业建筑模式，务求功能齐全、设施完善、技术先进、使用高效。建筑布局、结构和设备选型经济、合理、安全适用。立面设计紧扣"鞋业"主题，将各种隐喻性的建筑语汇有机组合到主、次入口及"城市客厅"等关键部位上，以个性化姿态提示专业市场固有的性格和特征。

财富天地广场是一个集展贸办公、产品发布、信息发布于一体的超大型鞋业皮具主题商城，携手广州白马服装市场、中港皮具城，共享商贸优势资源，正在铸就站西财富金三角的商业传奇。

财富天地广场原用地为位于广州市荔湾区西湾路上的旧水泥厂厂区，项目设置纵横两条主要商业内街，纵向内街南起财富天地广场"城市客厅"，北至配套办公楼，带动商业人流南北流动；横向内街西起西湾路，东至财富天地广场东端附楼，将人流往纵深方向引导，改变以往商业街旺铺只有"两层皮"的不足之处。街巷纵横，店铺鳞次栉比，行人摩肩接踵，络绎不绝，营造浓厚的商业氛围。

财富天地广场由十字内庭院分为四栋独立的建筑场馆，成"田"字型排列。四个馆有各自的内庭院，内庭院设置了电梯和扶梯，解决财富天地广场垂直交通；局部区域增设精美有趣的喷泉，遍设坐椅供顾客停留休息，增加商场的凝聚力和逛街的乐趣，更能聚集人气，形成心脏区。

该项目在西湾路上开了三个主入口，靠近西湾路南端设置了"城市客厅"，它是整个财富天地广场最重要的出入口之一，也是公众进入财富天地广场的第一印象。城市客厅同时承担着作为大型节庆、商品展示等活动的场地。在中轴线处，两个方向的内庭院交汇成中央广场，成为财富天地广场内部的一个标志性的场所，可供举行各类大型的商业展销活动。内庭顶部单层钢网壳的构造独特，直径为42米，其跨度之大，结构设计难度窥见一斑。

本方案构思来源于魔方。魔方通常给人一种充满趣味与智慧的印象，同时又为大家所熟悉，容易产生认同感。"魔方"正如其名，变化丰富，体积感强，有强烈的视觉冲击力，这些特征恰好与商业建筑的形象要求相适应。同时，类似集装箱堆砌的组合方式，使立面设计产生了丰富多彩的韵律感。

项目地址 中国，广州
建筑师 瀚华建筑设计有限公司
完成时间 2013年
用地面积 185799平方米
建筑面积 263673平方米

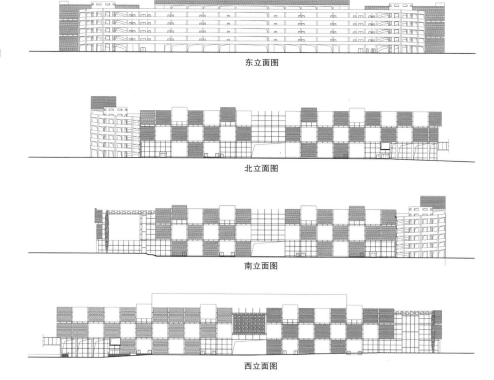

东立面图

北立面图

南立面图

西立面图

陈中/摄影

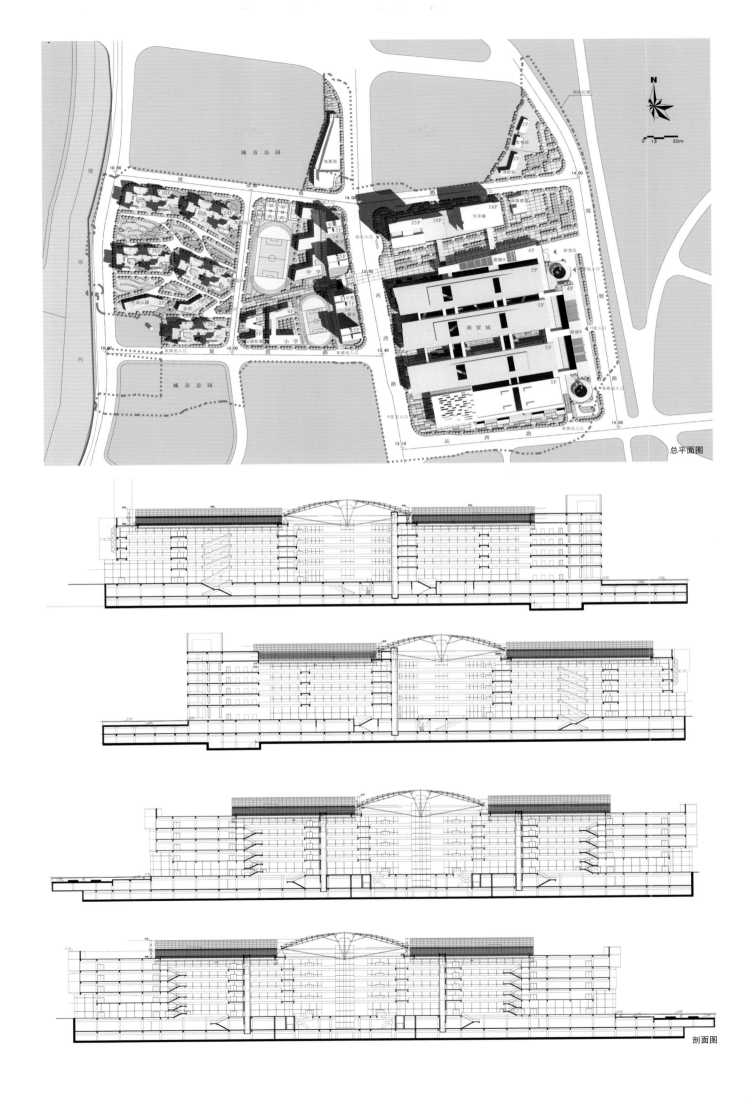

总平面图

剖面图

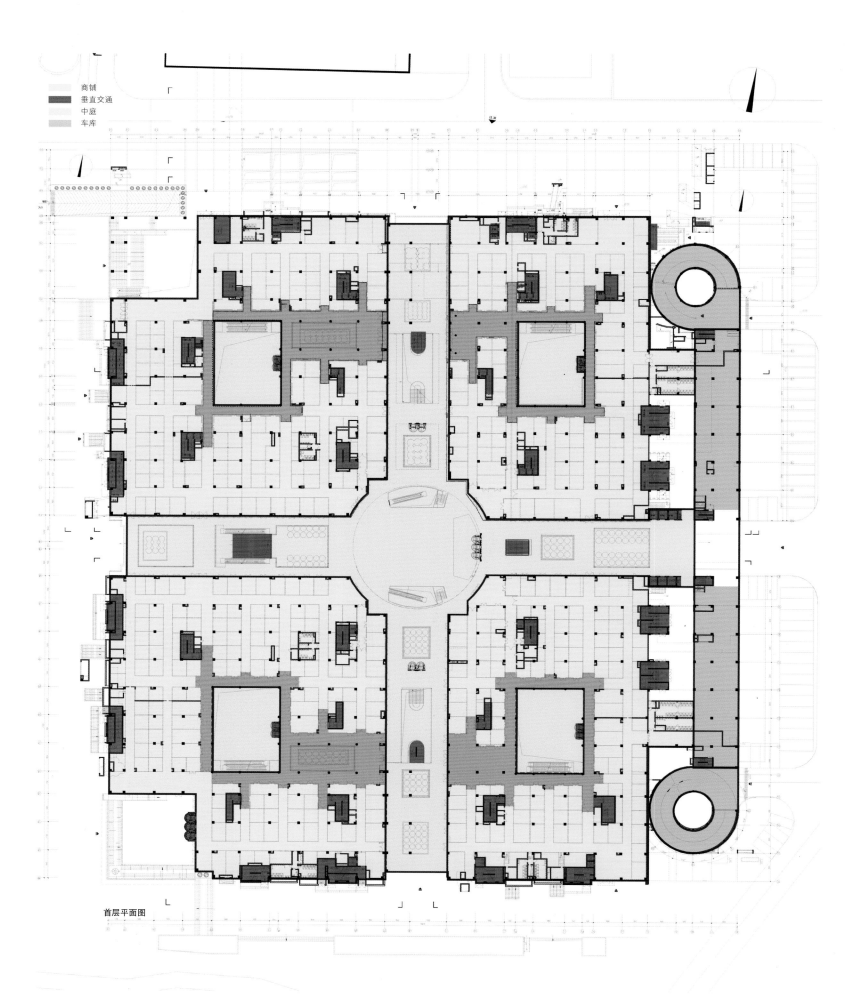

商铺
垂直交通
中庭
车库

首层平面图

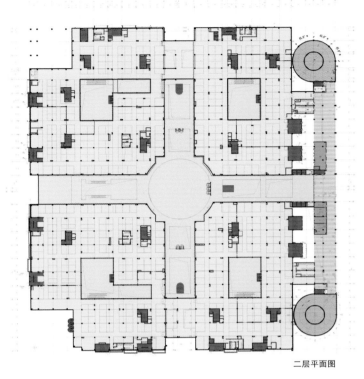

二层平面图

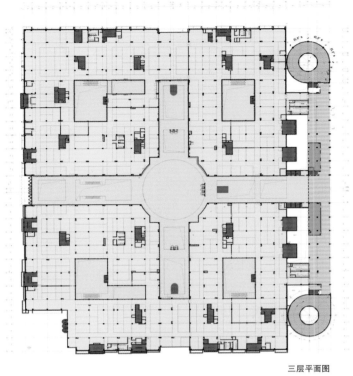

三层平面图

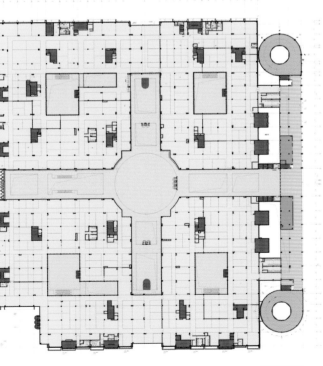

四层平面图

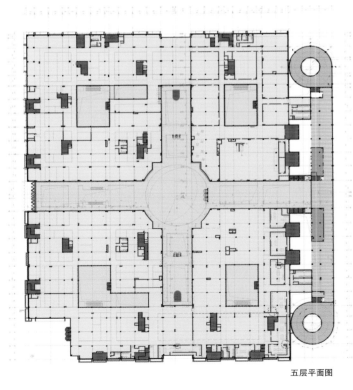

五层平面图

西溪湿地公园龙舌嘴游客中心

杭州西溪湿地公园龙舌嘴游客中心项目，坐落于杭州西溪湿地公园龙舌嘴入口处的一个半岛上，项目整体面积4700平方米，功能类别繁复：包括游客服务中心、生态展示、环保教育、会议办公等。

建筑外观将地域、地貌与建筑整体考量，使整个造型像背景丘陵一样起伏。建筑平面则根据功能要求形成简洁的圆角三角形，良好的体形系数为建筑节能创造了良好的条件。

作为具有实用功能的绿色节能示范工程，本项目在绿色建筑技术运用方面力争做到全国领先。通过最新的、适宜的建筑节能、节水、除污减排技术，可再生能源应用技术以及能源管理技术等的有机整合，力争使该工程达到节能80%，绿色建筑三星级

的目标，并争取通过LEED白金认证。

本项目顺应绿色低碳建筑发展潮流，优先采用大量被动节能建筑技术，同时大胆尝试新型节能技术。其采用的技术手段覆盖绿色建筑设计的各个方面，包括：短进深、中庭围绕式布局；高效的外围护保温体系；积极的自然采光与通风遮阳系统；光导管、光伏发电等太阳能多层次利用、地源热泵、地埋风管等多层次节能空调系统；生态资源再处理；再生速生材料运用；能源控制系统等。

本项目的建成为绿色建筑实践起到了很好的示范作用，为绿色建筑设计策略提供了极佳的检验平台，为绿色建筑全寿命经济效益分析提供了完整的实例。

正是由于大量绿色建筑技术的采用，本项目日后运营负担大为降低，并通过该实际项目实例很好地宣传、推广了节能环保理念，实现了项目经济效益、社会效益与环境效益的高度统一。

项目地址 中国，浙江省，杭州市
设计公司 三磊设计
合作设计 德国莱茵之华有限公司
竣工时间 2013年
获奖信息 LEED白金认证、
2013年度精瑞奖最高奖项之——"建筑设计金奖"

总平面图

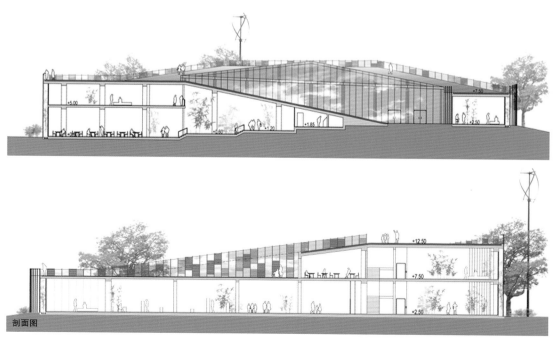

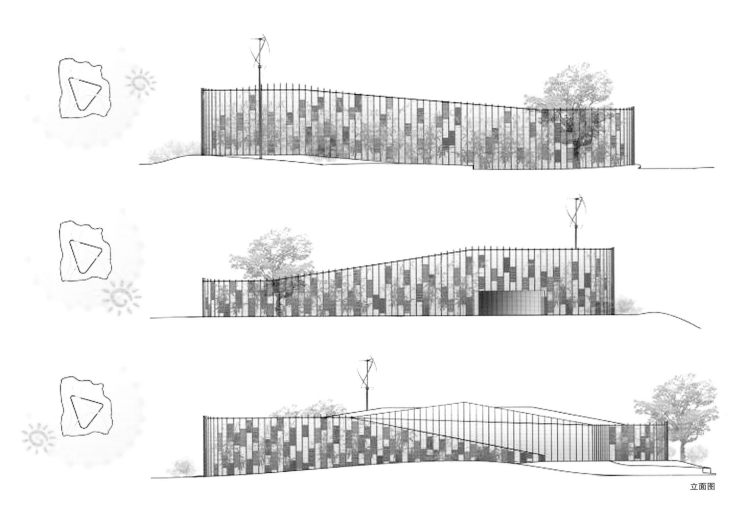

立面图

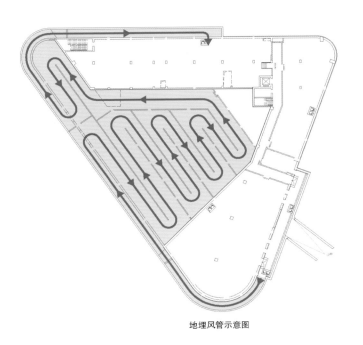

地埋风管示意图

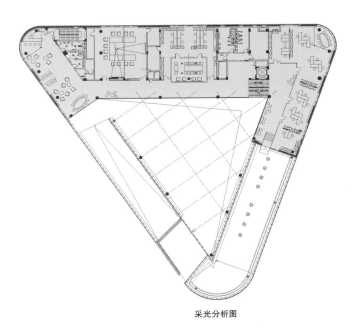

采光分析图

深圳宝安西乡桃源居办公楼B座

项目简介

此项目为旧办公楼空间改造。设计打破传统单调、重复，甚至冰冷的办公空间，倾向于一种类似于休闲娱乐的空间环境，能够满足员工多层面需求的空间设置。例如，有时候较小的空间组合反而更有利于员工的交流，甚至建立更亲密的私人关系；每层楼梯的独特性与趣味性设计，在每一层制造完全不同的空间体验，同时将整个办公区内空间通过一系列活泼的"盒子"串联起来。这些"盒子"空间设置在有明确归属划分的标准办公空间之外，它们风格多样，形式轻松，功能模糊（阅读空间，零食空间，八卦空间，吸烟空间等），为员工提供更多种临时的、放松的乃至更私密的空间来享受、分享或独处。

设计策略

1. 绿色策略

大胆地采用绿墙贯通1~4层，放在办公室的西侧，为此我们研究发明了创新的绿墙专利体系——利用回收的1万多个矿泉水瓶子，每个植株可自动插拔，与户外绿墙体系不同：首先，新的体系采用密封式浇灌系统，不漏水，保证办公环境的清洁干爽；其次，绿墙体系双向透光的特性可阻挡夏天下午的西晒阳光，保证让东侧的办公区免受西晒的困扰的同时还能够感受到透过绿叶缝隙过滤漫射后柔和的阳光。另外，西晒确保室内绿植获得充足的照射。

"绿墙"体系是一个折面，在一层的位置放大区域形成20米通高的入口大堂。夜晚室内灯光亮起，在街道上可通过建筑玻璃面看到20米通高的巨大"绿墙"，是桃源居绿色生态企业文化的一种很强烈的展示。

2. "盒子"体系

利用比较高的层高优势，我们设计了五个"盒子"。"盒子"层高与楼层的层高交错。每个盒子与相近的楼层通过独立的楼梯相连。每个"盒子"面积不大，约6~8个平方米。"盒子"与绿墙交错，为办公区提供穿透绿墙、眺望外面景观的窗口，舒缓员工工作的压力。

"盒子"内部相对封闭，有独立空调。可举行小型创意交流、会晤商谈；盒子顶部为半开放空间，为员工在茶歇时提供宜人、轻松的交流场所，激发员工间的互动和创意。

3. 办公区共享中庭空间体系

由于东侧与旁边建筑达不到防火间距，所以在过去是完全封堵实墙。1~3层，我们在防火墙上开洞，将实体墙替换为透光的固定防火玻璃。内侧加乳白色玻璃幕墙，自然光穿过磨砂玻璃漫射到室内，形成柔和光感的同时也改善了室内的采光环境。

4~5层，利用五层屋顶东侧为开敞的屋面，贯通局部楼板营造小型采天光的空中中庭。改善总裁办公区采光的同时营造了相当的空间凝聚力和向心性。

上下两个中庭相互联系交织，打破了楼层间的阻隔，创造了层与层之间的视觉与动线交流，使空间串联通透，有利于增进团队交流，激发创意的愉悦办公环境。

4. 漫游体系

一楼大堂东侧设置曲线大楼梯，到达二楼平台有相对公共的出纳请款区；再通过弧形楼梯穿越中庭到达三层档案室前台；三层到四层楼梯穿越绿墙后的几个"盒子"，四层到五层楼梯又以新的方式到达总裁层。每段楼梯的位置都不一样，这流线使得整个空间上的变化和节奏完全突破常规楼梯的简单的功能性，它完全变成了一条拨动空间乐章的琴弦，使整个动线充满了灵动，使空间具有戏剧性效果，具备公共建筑特有的空间魅力。这个流线不仅有美学价值，而且把许多功能串联在一起（例如：使"盒子"串联起来，客户请款区等），整个空间比较活泼，充满跳跃和惊喜。为员工和造访者创造参观、体验以及感受企业文化的空间流线。

项目地址 中国，深圳
开发单位 桃源居集团
主持建筑师 张之杨
设计时间 2010年
完成时间 2013年
占地面积 900平方米
建筑面积 3000平方米

5. 技术措施与创新

原来楼体内的两个楼梯不仅尺度较大，占用过多空间与楼面面积，而且其位置占据了南北两端，导致交通走廊过长，因此，我们将其封堵，改为一部相对小而经济的消防楼梯，将其与内部电梯结合，位置移到近中间，以便抵达整个楼层的距离在合理的范围内。另一侧与旁边单元共用消防楼梯，使得使用率大大提升。

在办公面积不减少前提下，将原来不合理布局导致的空间浪费转化为共享和休闲空间。

运用混凝土钢结构加固技术得以实现楼板开洞和改造楼梯。

绿墙为钢结构，"盒子"锚固和悬挂在混凝土楼板体系之上。而且，整个体系是轻质的、坚固的体系。创新性的绿墙体系已申请"国家创新性发明专利"，真正达到展示绿色、废料回收再利用以及材料创新效果。

模糊和非确定性的小型"盒子"空间，增进员工的交流，舒缓工作压力，激发创造性和企业活力

的作用。从最终入驻和使用来看，基本达到了预期的效果，得到企业员工积极的反馈。

整体室内设计避免使用过多传统室内装修惯用的装饰性手段，而是将注意力集中在空间资源优化整合，希望通过营造多样化尺度、开放性与气质的空间，来对使用者的心理及行为产生积极正面的暗示与引导。整个室内空间的材料选择是基于实用及简约的原则。材料上除了选用玻璃、灯膜、德国耐磨塑胶地板等，有特殊功能需求的材料外，整体基本采用全白色调突出空间本身的气质。

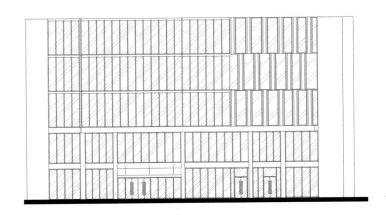

立面图

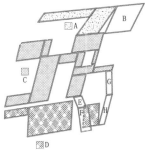

绿墙在建筑中的位置

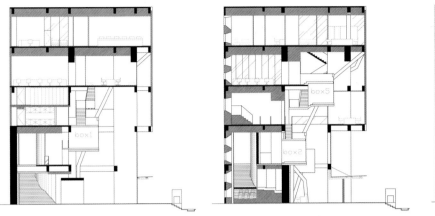
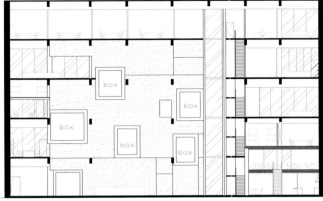

剖面图

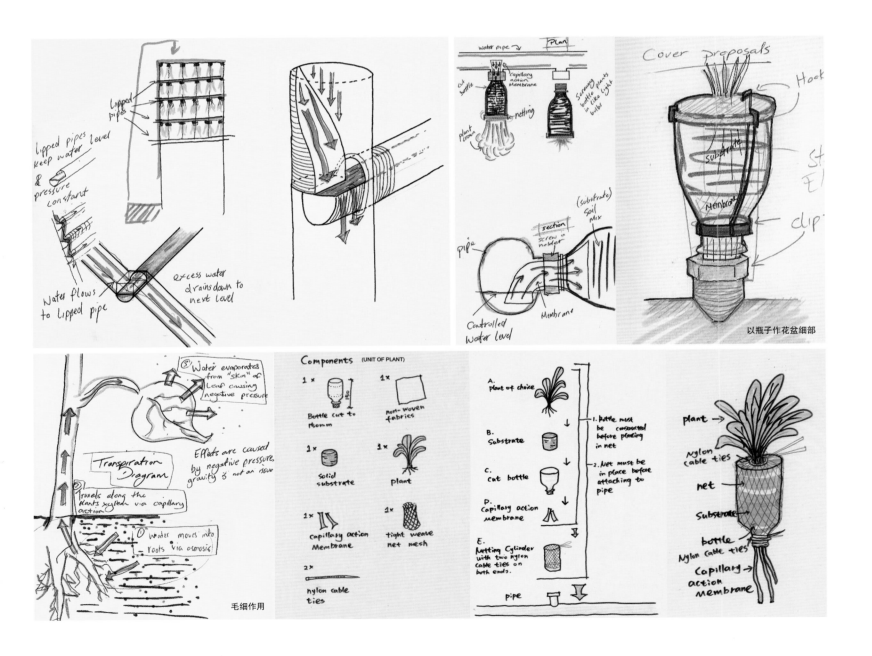

以瓶子作花盆细部

毛细作用

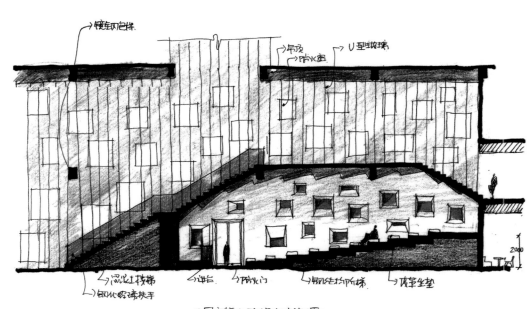

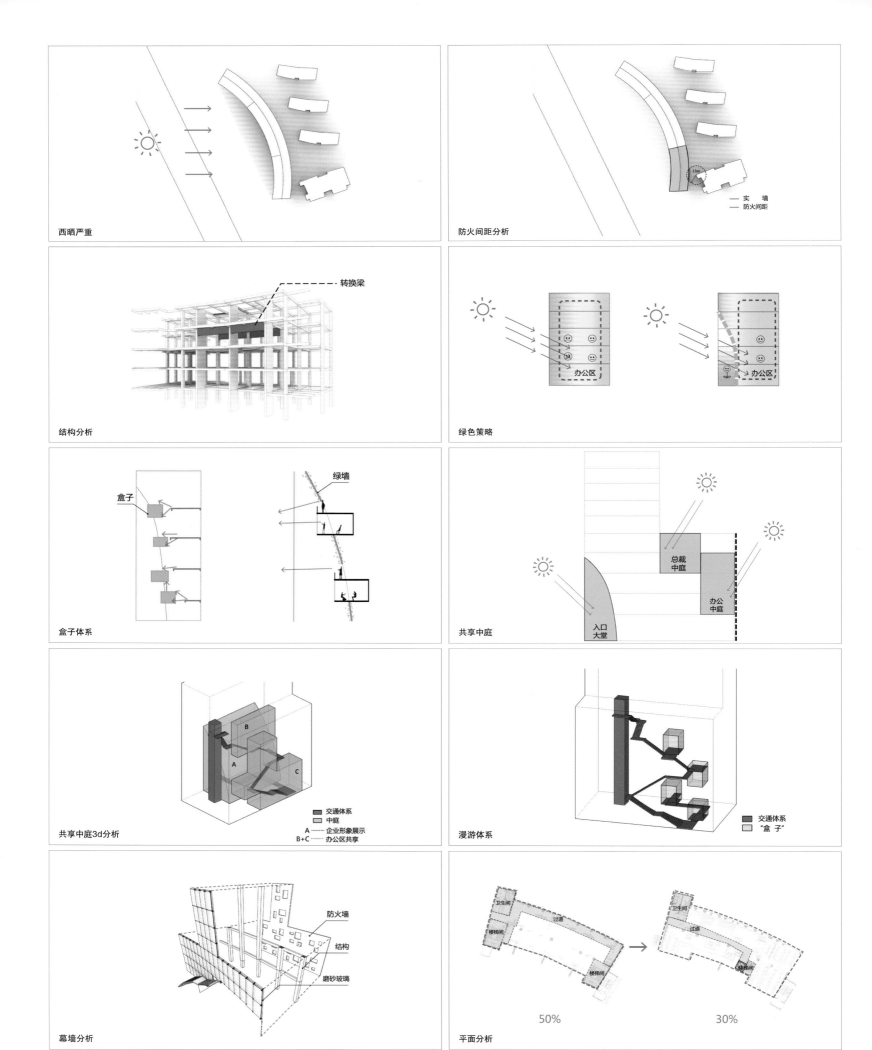

西晒严重

防火间距分析

实墙
防火间距

结构分析

转换梁

绿色策略

办公区

办公区

盒子体系

盒子

绿墙

共享中庭

入口大堂

总裁中庭

办公中庭

共享中庭3d分析

交通体系
中庭
A —— 企业形象展示
B+C —— 办公区共享

漫游体系

交通体系
"盒子"

幕墙分析

防火墙
结构
磨砂玻璃

平面分析

卫生间
楼梯间
过道
楼梯间

卫生间
过道
楼梯间

50%

30%

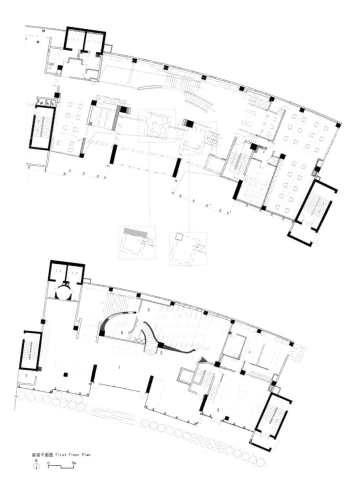

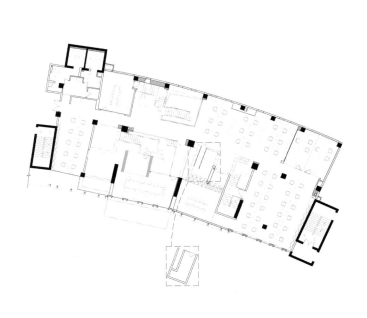

首层平面图 First Floor Plan

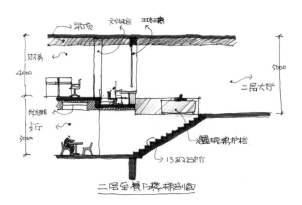

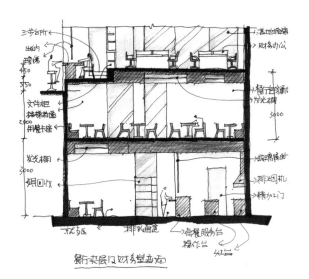

大连国际会议中心

来自奥地利维也纳的蓝天组事务所（COOP HIMMELB(L)AU）为中国繁荣的海滨城市大连设计了一座新地标——大连国际会议中心。建筑以贝壳状的屋顶结构为特色，内部功能齐全，是一座"城中之城"，会议和活动面积多达10万平方米，能够容纳7,000人。

两条城市中轴线在此交汇，决定了建筑的位置和基本造型。能容纳2,500人的大会议厅和拥有1,800个席位的大剧场布置在建筑中心处，上方是部分透明的贝壳状屋顶。诸多小会议室功能灵活，像一圈珍珠般环绕着中央的主体空间，形成一体式的"微城市"结构，有"广场"和"街道"供人漫步或闲谈——对会议来说，非正式的交流空间也是非常重要的。休息区和餐饮服务台也设置在这里。自然采光在建筑师的巧妙控制下，能够指引人们分辨方向，并且创造出多种空间氛围。蓝天组董事长、主持设计师沃尔夫·普里克斯（Wolf D. Prix）表示："尽管体量巨大，能容纳7,000人，但是这栋建筑就像一座充满活力的城市。入口大厅有四个足球场那么大，高度达到了45米。即便是如

此之大的体量，这栋建筑也没有产生令人望而生畏的感觉，反而布局清晰，环境宜人。"

地理位置

大连是一座重要的港口都市，也是中国东北部省份辽宁的一个工业、商业和旅游中心，人口600万。1984年，大连划为中国经济特区，无数外国企业在此建立了基地。新的区域和国际游船港目前正在兴建中，选址是在从前的重工业工厂和沿海岸线填海造陆产生的土地上，港口的兴建代表了一种结构性的转变，将在未来十年大大提升大连在全国的地位。

形式与功能

大连国际会议中心从一开始就决定作为世界经济论坛的举办地。世界经济论坛是瑞士的一个基金会，以每年在达沃斯举行的会议而为人所知，今后会每年在这里组织一次"夏季达沃斯"会议。这项功能的要求决定了空间的理念、体量以及会议室和办公室的数量。因为大剧场和会议中心两者直接相连，主舞台既可以用作传统的剧院礼堂，

也可以作为灵活的多功能厅。大剧场以多功能设计为基础，可以用于举办会议、音乐会、话剧甚至传统戏剧，非常方便。

为了让这栋大楼的建筑理念和功能从外部可见，大会议厅从室内"渗透"到建筑立面之外来，仿佛室内空间让建筑的金属外表皮"变形"了。外壳结构上的穿孔铝板确保了室内充足的采光，也赋予整栋建筑雕塑般的奇异造型。有些公共空间的铝板采用开放式结构，可以欣赏外面的城市风景和大连湾的美景。

设计

沃尔夫·普里克斯表示："这栋建筑由两大元素组成：桌子和屋顶。大剧场、大会议厅和通道空间布置在'桌子'造型的钢结构中，上方是三维立体造型的立面+屋顶结构。"这两大元素都是钢质空间框架，空间高度介于5米到8米。整体结构由14条主体垂直柱支撑，支柱采用钢和混凝土合成材料。钢结构是中国造船厂生产的，因为只有那里才有能对10厘米厚的钢板进行安全、精确焊接的设备。沃尔夫·普里克斯说："蓝天组的设计是将勒·柯布西耶的话运用到实践中来。柯布西耶曾说建筑应该像船舶那样修造。"现代科技和建筑技术让建筑师能够将空间跨度扩展到超过85米，悬挑结构可以超过40米。

可持续设计理念

可持续性建筑设计的一个关键任务就是尽量降低能源消耗。因此，必须将自然环境资源纳入考虑。建筑师利用了大连滨海的地理优势以及强劲的海风。更确切地说，包括以下几点：

· 海水的热能和建筑内部自然通风带来的巨大风量，都用来为夏季的降温和冬季的供暖提供能量

· 采用低温系统进行供暖，同时利用建筑的混凝土结构作为蓄热体，以此保证建筑内部的温度恒常

· 将屋顶下方的中庭视为太阳能供暖、自然通风的一个微气候区

· 在建筑的外层材料中加入太阳能板，提供额外的能源

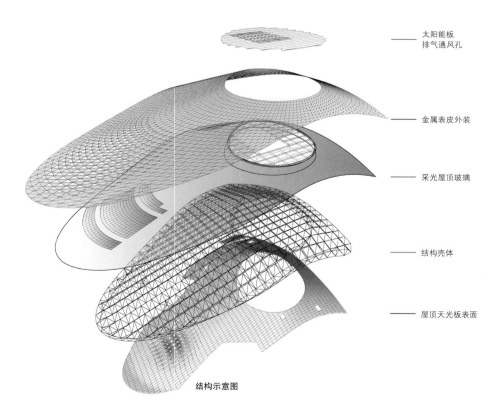

太阳能板
排气通风孔

金属表皮外装

采光屋顶玻璃

结构壳体

屋顶天光板表面

结构示意图

项目地址 中国，大连
主持建筑师 沃尔夫·普里克斯（Wolf D. Prix）
设计公司 蓝天组事务所
合作设计师 保罗·凯斯（Paul Kath，合作时间：2008年–2010年）、沃尔夫冈·雷希（Wolfgang Reicht，合作时间：2010年–2012年）
项目建筑师 沃尔夫冈·雷希
设计团队 奎林·克兰姆博兹（Quirin Krumbholz）、伊娃·沃尔夫（Eva Wolf）、维多利亚·科罗阿（Victoria Coaloa）
中方合作设计公司 大连市建筑设计研究院有限公司UD工作室、深圳市姜峰室内设计有限公司
结构工程 奥地利B+G工程公司（B+G Ingenieure, Bollinger Grohmann Schneider ZT-GmbH）、大连市建筑设计研究院有限公司
舞台设计 北京总装备部工程设计研究总院
照明设计 德国a·g照明公司（a·g Licht）——维尔弗里德·克拉姆（Wilfried Kramb）

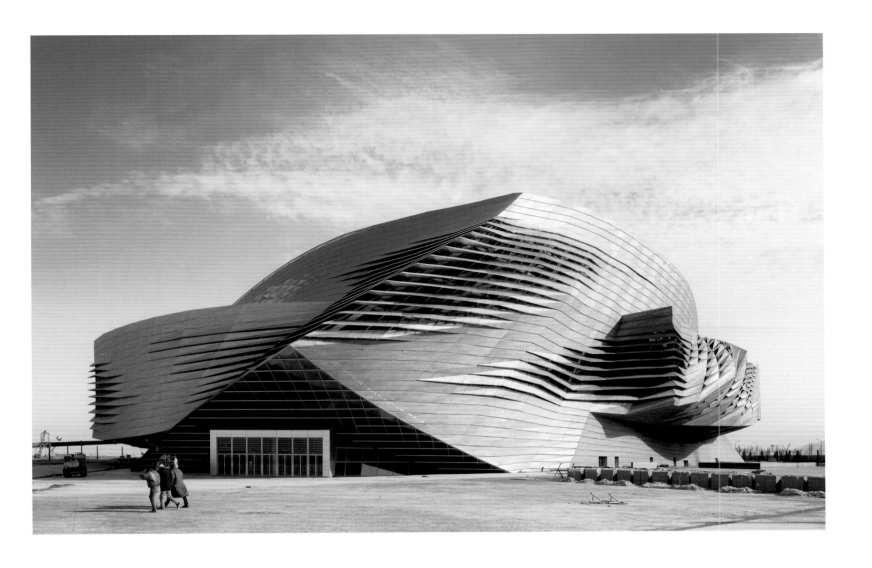

视听设备 北京中广电广播电影电视设计研究院

气候设计 德国布莱恩·科迪教授（Brian Cody）

总承包商 大连中建八局

竞赛时间 2008年3月

规划起始时间 2008年7月

施工起始时间 2008年11月

竣工时间 2013年9月

用地面积 40000平方米

占地面积 33000平方米

总建筑面积 117650平方米

会议中心总建筑面积 91250平方米

总容积 地上1,250,000立方米+地下220,000立方米

外立面面积 30600平方米

屋顶面积 28000平方米

建筑高度/长度/宽度 60米/ 220米/ 200米

楼层数 8

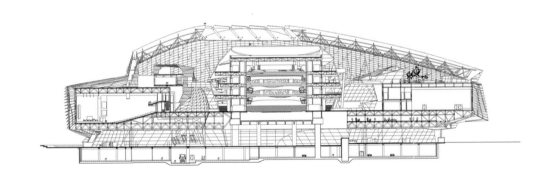

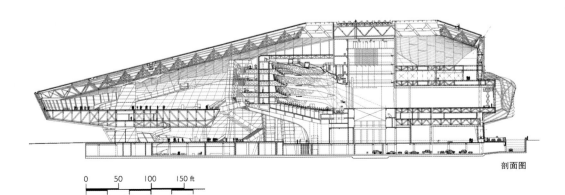

剖面图

```
0        50      100      150 ft
0   10  20  30  40  50 m
```

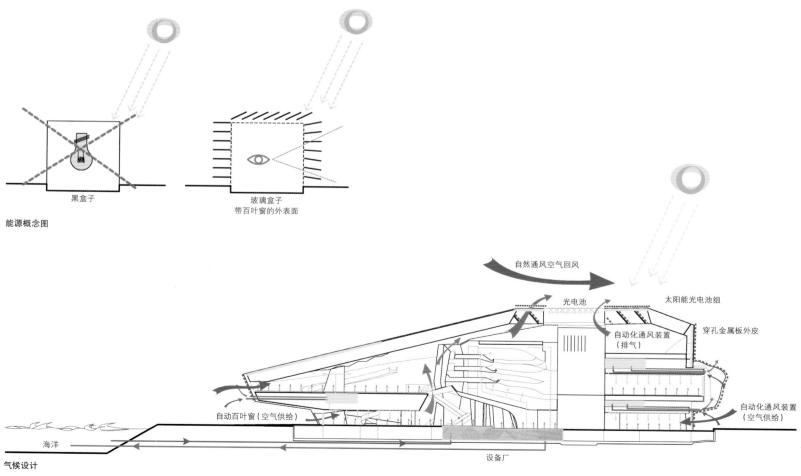

黑盒子

玻璃盒子
带百叶窗的外表面

能源概念图

自然通风空气回风

光电池

太阳能光电池组

自动化通风装置
（排气）

穿孔金属板外皮

自动百叶窗（空气供给）

自动化通风装置
（空气供给）

海洋

设备厂

气候设计

海水供冷

替换通风系统

地板式供热及供冷

自然通风

太阳能光电池组

自然采光及遮阳系统

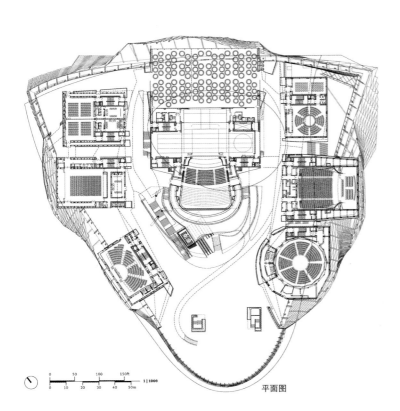

平面图

丹尼尔·舒茨（Daniel Schulz）、张卓、胡凡

沧州游泳馆

设计理念

作为现代城市化进程中能量来源，私有空间在悉心呵护下得到了蓬勃发展，但城市公共空间配置的不协调导致城市活力的衰退和流失。在新城区规划建设中，侧重城市文化活力储备，积极发展市民文体设施建设，沧州游泳馆的规划设计在新城区建设方面提供了良好思路。在这次设计中，中国分公司与澳洲公司密切合作，立足于城市新区发展的大环境，从单纯的构思原点出发，力求以素雅现代的一贯风格去打造这一标志性场馆建筑。

区位

沧州游泳馆位于沧州新城区。由沧州高铁站延北京路向东约3千米就是沧州游泳馆的基地所在位置。沧州游泳馆南邻沧州国际会议汇展中心，北望沧州体育场，东侧为狮洲公园，地处沧州新城区的体育文化核心区位，是沧州新区的重要文化形象展示面。和谐处理与周边主要建筑的关系，在满足内部功能需求同时形成醒目独特、充满活力的城市界面成为这次设计团队重要课题。

概况

沧州游泳馆规划用地面积31024平方米，总建筑面积57653平方米。主要功能涵盖市民健身活动中心和游泳比赛中心。两部分功能由中心景观中庭连接，中庭不仅丰富了室内空间环境，还有效的划分和组织了两大功能区域。

设计原点

设计由对水的臆想出发，从水滴在憎水物质表面形成的内敛的结构曲线提炼而成。三大区域（市民健身活动中心、景观中庭、游泳比赛中心）如同三个相互交叠挤压的水滴，在动态中取得了片段的结构体系的平衡。

设计细节

在立面装饰上采用模拟水滴无序排列机理，起到遮阳及防止眩光作用的同时，获得了独特的立面隐喻形象。

能动映射

建筑整体采用地源热泵系统，减少了空调能耗。并利用中庭及侧壁幕墙间隙形成空腔，提供空气补充。游泳馆顶部设有电动气窗，在游泳馆内部热动力的作用下，形成有效的空气循环。

从外在形象暗喻到内部自循环系统，从城市作用到单体功能，由因果关系出发，由单纯的构思原点出发，当问题找到答案，城市的活力也将在此获得新生。

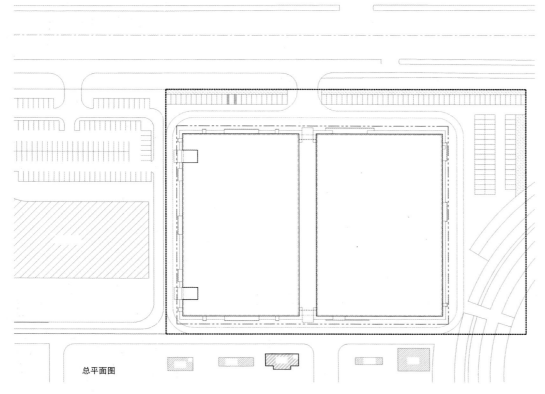

总平面图

项目地址 中国，河北省，沧州新城区
主持建筑师 丹尼尔·舒茨（Daniel Schulz）、张卓、胡凡
设计公司 杰克逊建筑设计（沈阳）有限公司（澳）
竣工时间 2014年
施工图设计 天津大学建筑设计研究院
规划用地面积 31024平方米
总建筑面积 57653平方米
地上建筑面积 41068平方米
地下建筑面积 16585平方米
容积率 1.32
建筑密度 53.7%
绿地率 2.8%
摄影师 苑立伟

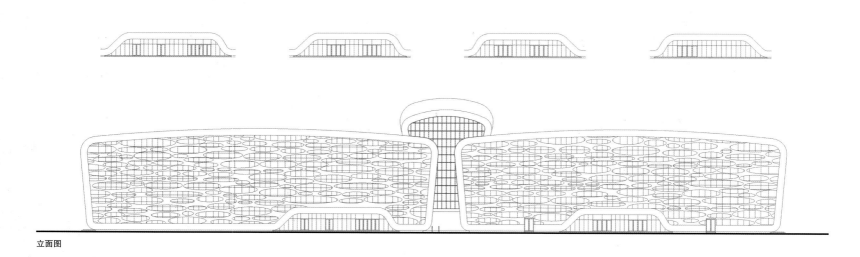

立面图

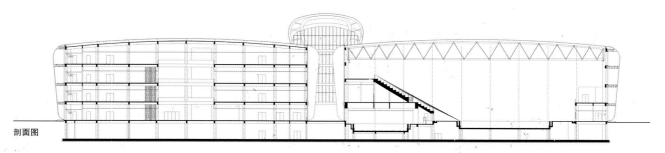

剖面图

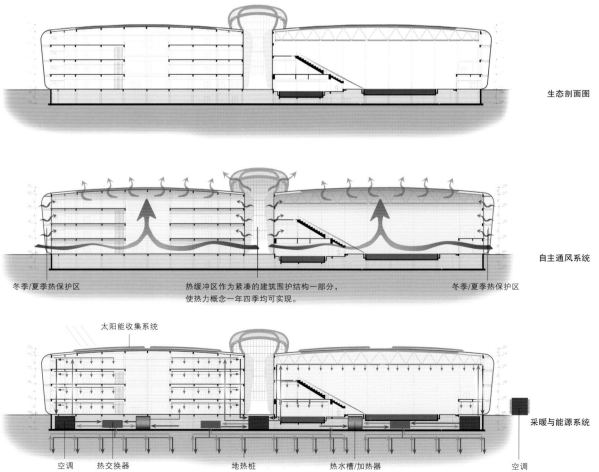

生态剖面图

自主通风系统

冬季/夏季热保护区　　　　　热缓冲区作为紧凑的建筑围护结构一部分，　　　　　冬季/夏季热保护区
使热力概念一年四季均可实现。

太阳能收集系统

采暖与能源系统

空调　　　热交换器　　　　　　　地热桩　　　　　热水槽/加热器　　　　空调

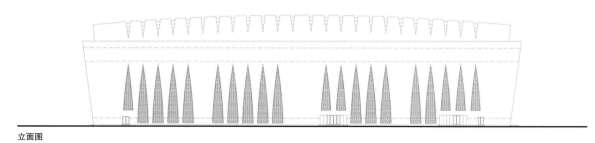

立面图

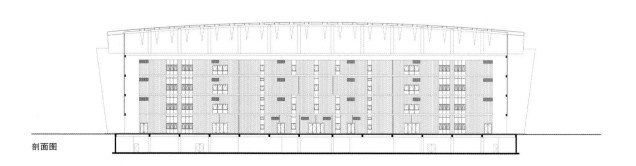

剖面图

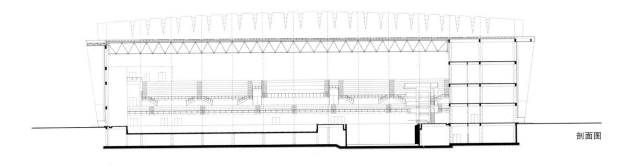

剖面图

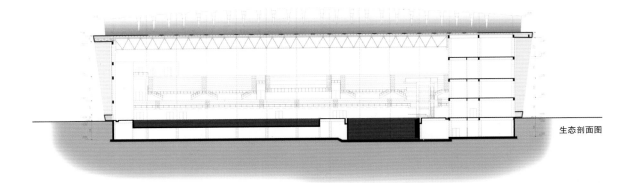

生态剖面图

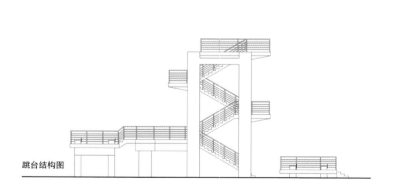

跳台结构图

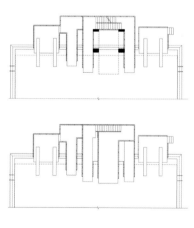
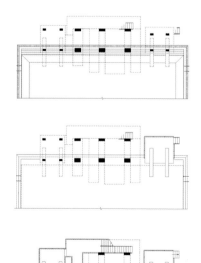
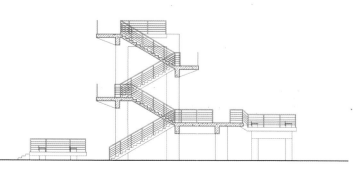
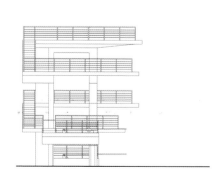
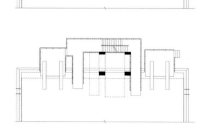

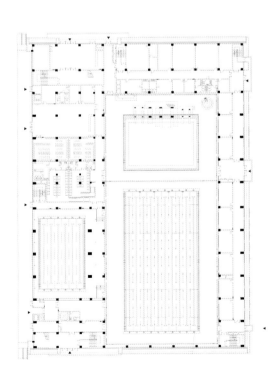

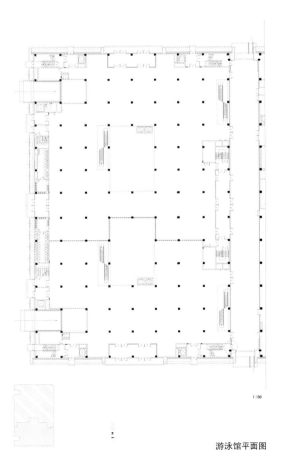

游泳馆中心部分平面图　　　　　　　　　　　　　　　　　　　游泳馆平面图

武汉市民之家——动态的城市入口

　　该项目基地位于武汉市三环路立交桥一侧，是武汉市的重要入口门户，也是武汉市重要的大型公共建筑之一。我们采用了盘旋上升的造型方式，在这块重要交通交汇之地，形成连续而富有动感的视觉效果。起伏上升的屋顶还赋予建筑独特的第五立面，使之具有强烈的雕塑感和视觉冲击力，成为武汉新的地标。

　　建筑下部采用玻璃等传统建材，对比出上部建筑体块所用红色金属穿孔板，突显出建筑螺旋上升的态势，加强了建筑的表现力和生命力。红色金属穿孔板既有遮阳作用，又是体现文化元素的载体，其图案设计灵感来自当地古建筑的窗棂格，经过简化和抽象，形成既现代又具文化神韵的元素。

　　本建筑结合当地气候、资源、经济、人文习惯和项目定位等因素，确立绿色技术的体系，具体有六大方面：节地与室外环境，节能与能源利用，节水与水资源利用，节材与材料利用，室内环境质量，运营管理等。建筑面积为123423平方米，其中政务中心建筑面积为61028平方米，城市规划展示厅的建筑面积为21504平方米，中庭面积为5942平方米。地下建筑面积为34949平方米，机动车停车位900辆，非机动车停车位600辆。

　　根据功能规划，此建筑主要分为两部分。西侧主要作为行政政务中心，东侧主要用作城市规划展示区，两大部分既分又和，在满足两部分不同的功能使用要求的同时，也保证建筑空间的整体性和联系性。

　　中庭地下有一大型的500人的报告厅，在建筑体量上连接了两部分，使功能块间既相互独立又有很好的联系。地下一层布置设备房与地下停车位。结合建筑西北面的L形下沉式广场，设有职工活动区与餐厅，享有自然采光与优美的绿化景观环境。地下一层与即将开通的地铁线站点直接连接。

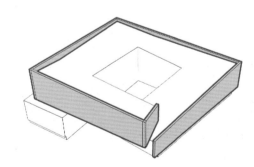

项目地址 中国，湖北省，武汉市

设计公司 法国Arte–夏邦杰事务所

合作单位 武汉市建筑设计院

竣工时间 2012年

代建方 武汉地产集团

方案设计招标 武汉市国土资源和规划局

基地面积 10 公顷

建筑面积 123423 平方米

获奖信息 中国绿色建筑设计标识三星级、湖北地域性绿色建筑示范项目

冬至上午8点　　冬至上午10点　　冬至中午12点　　冬至下午2点　　冬至下午4点　　　夏至上午8点　　夏至上午10点　　夏至中午12点　　夏至下午2点　　夏至下午4点

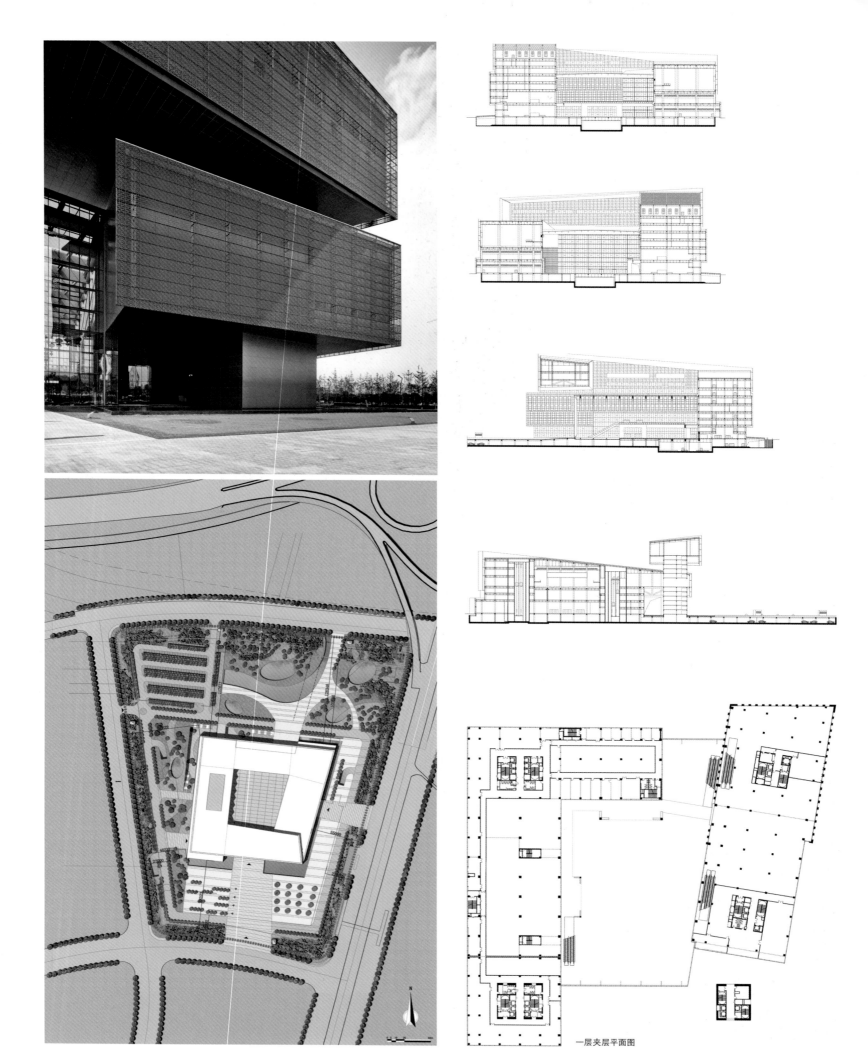

一层夹层平面图

索引